"十三五"普通高等教育本科部委级规划教材

NANZHUANG KUANSHI BANXING GONGYI

男装款式·版型·工艺

陈东生　王鸿霖　编著

U0216320

中国纺织出版社有限公司

内 容 提 要

本书为"十三五"普通高等教育本科部委级规划教材。

全书由现代男装发展变革及风格分类,男装版型设计基础,男衬衫款式与版型设计,男夹克款式与版型设计,男西装款式与版型设计,男马甲款式与版型设计,男大衣、风衣款式与版型设计,男衬衫工艺制作,男西服工艺制作,男马甲工艺制作等十章内容构成。书中案例精选注重与时俱进,款式设计注重细节,版型设计注重原理运用与版型拓展,工艺制作注重对接行业企业标准及工艺制作的规范性。

本书紧紧围绕培养应用型人才的目标,以突出培养学生能力为根本,以项目教学为主线,以典型案例为载体,注重款式设计、版型设计和工艺制作三位一体的紧密融合,既可作为高等院校服装类专业的学生教材,也可作为服装行业从业人员的学习用书和技术资料。

图书在版编目(CIP)数据

男装款式·版型·工艺 / 陈东生,王鸿霖编著 . --北京:中国纺织出版社有限公司,2020.12

"十三五"普通高等教育本科部委级规划教材

ISBN 978-7-5180-8104-2

Ⅰ.①男… Ⅱ.①陈… ②王… Ⅲ.①男服－服装设计－高等学校－教材 Ⅳ.① TS941.718

中国版本图书馆 CIP 数据核字(2020)第 209640 号

策划编辑:魏 萌　　特约编辑:张林娜
责任校对:王花妮　　责任印制:王艳丽

中国纺织出版社有限公司出版发行

地址:北京市朝阳区百子湾东里 A407 号楼　邮政编码:100124

销售电话:010—67004422　传真:010—87155801

http://www.c-textilep.com

中国纺织出版社天猫旗舰店

官方微博 http://weibo.com/2119887771

北京通天印刷有限责任公司印刷　各地新华书店经销

2020 年 12 月第 1 版第 1 次印刷

开本:787×1092　1/16　印张:15.5

字数:223 千字　定价:56.00 元

总序

国以才立，业以才兴。2018年5月2日，习近平总书记在北京大学师生座谈会上强调：党和国家事业发展对高等教育的需要、对科学知识和优秀人才的需要比以往任何时候更为迫切。他提出要形成高水平人才培养体系，这是当前和今后一个时期我国高等教育改革发展的核心任务。教育部部长陈宝生在新时代全国高等学校本科教育工作会议上的讲话中提出：高水平人才培养体系包括学科、教学、教材、管理、思想政治工作五个子体系，而教材体系是高水平人才培养不可或缺的重要内容。

《国家中长期教育改革和发展规划纲要》中明确提出"全面提高高等教育质量""提高人才培养质量""充分发挥教材育人功能"，要求加大教学投入，加强教材建设和教材研究，创新教材呈现方式和话语体系。

本系列教材正是贯彻落实新时代全国高等学校本科教育工作会议等相关文件精神，以全面提升培养人才能力为宗旨，组织知名行业专家、高校教师编写了"应用型服装专业系列教材"，将学科研究新进展、产业发展新成果、社会需求新变化及时纳入本套教材，并吸收国内外同类教材的优点，力求臻于完美。

本系列教材体现以下特点：

1.体现"业界领先、与时俱进"理念。本系列教材特邀服装行业的专家学者、企业精英进行整体策划，实时纳入业界发展最新知识，力求与时代发展相吻合，以反映行业发展现状。

2.围绕"应用型人才"培养目标。本系列教材力求大胆创新，突出技术应用，面向服装类专业应用型人才培养，面向课堂教学、案例教学改革，注重以学生为中心，以项目为主线，以案例为载体。

3.突出"能力本位"实践教学。瞄准"能力"核心，突出体现产教融合、校企合作下的教材共建，将传统学科知识与产业实践应用相结合，强调教材的实用性、针对性。

4.实现"系统性、多元化"教材体系。本系列教材以"设计—版型—工艺"为主线，充分利用现代教育技术手段，基于在线教育综合平台，建设优质教学、教学素材库、试题库等多种配套在线资源。

5.强调在教材用语上生动活泼，通俗易懂；在编写体例上，力求体系清晰，结构严谨；在内容组织上，体现循序渐进，力争实现理论知识体系向教材体系转化，教材体系向教学体系转化，教学体系向学生的知识体系和价值体系转化。

本系列教材服务于服装相关专业，适合以培养实践能力为主的应用型高等院校使用，同时对服装产业的相关专业亦有很好的参考作用。应用型系列教材的编写形式虽属初次尝试，但相信本系列教材的出版，对我国纺织服装教育的发展和创新应用型人才的培养将做出积极贡献。

欢迎广大读者和同仁不吝赐教。

应用型服装专业系列教材编委会

2020年5月

前言

在科技创新快速引领下的新时代，服装产业的全球化、信息化、知识化和智能化步伐进一步加快，基于材料科学、信息、大数据、智能化生产、生物与化工等高新技术的发展，对传统的服装产业起到了巨大的推动作用，对高素质应用技术技能型服装专业人才的培养亦提出了更高的要求。

伴随我国服装行业转型升级的步伐加速，服装专业的本科生培养目标和毕业要求，已经从原来的"掌握知识"提升为"运用原理"，从原来的"简单了解"上升为"深入应用"，从原来的"照搬方法"升档到"经过分析"，要求培养的服装人才知识面广，能够适应服装科技革命和服装产业变革。众多的服装企业愈发需要既懂服装艺术，又懂服装技术的艺术工学特色"双核能力"人才。

《男装款式·版型·工艺》一书，正是与时俱进为适应这一新形势发展而编写的新教材。本书紧紧围绕培养应用型人才为目标，结合作者多年的工作实践和教学经验，吸收行业技术精华，突出以学生能力培养为根本，以项目为主线，以案例为载体，以款式设计、版型设计和工艺制作三位一体紧密融合为特点而编著。注重经典与当代、理论与实践结合，将学科研究新进展、产业发展新成果、社会需求新变化及时纳入教材中，并吸收国内外同类教材的优点，力求臻于完美，并充分发挥教材育人的作用。

本书隶属高水平应用型服装专业系列教材，在编写中，男裤部分没有纳入进来，主要以上装、外套为主。本书共分为现代男装发展变革及风格分类、男装版型设计基础、男衬衫款式与版型设计、男夹克款式与版型设计、男西装款式与版型设计、男马甲款式与版型设计、男大衣风衣款式与版型设计、男衬衫工艺制作、男西服工艺制作、男马甲工艺制作等十章内容，旨在较全面地介绍现代男装的风格演变、版型设计及经典男装的工艺制作。

其中第一章以时间为主线，系统介绍了中外男装经典款式的演变与发展，较科学地对男装进行了分类，为后面的款式设计做了铺垫。第二章包括男体的体型特征、参数与测量、号型标准与规格设计，以及男上装原型结构设计原理与男装版型设计流程等内容。其中男上装原型结构主要以东华原型为基础，举例说明了男装版型设计的方法与步骤。第三章至第七章属于版型设计的主体部分，主要介绍男衬衫、男夹克、男西装、男马甲、男大衣、风衣等品类的款式设计与版型设计，其中对每种品类风格特点、款式分类及版型设计进行了全面的介绍，采用原型和比例两种方法进行版型结构制图，目的是让学生在领会原理的基础上有对比性学习理解，达到举一反三、活学活用的效果。第八章至第十章为工艺制作部分，主要介绍了男衬衫、男西服、男马甲的工艺制作流程与制作步骤，该部分参考了国家质量标准和行业要求，每个制作步骤与质量要求都以图例展示，使学生能按照制作步骤与图示说明，独立完成各类款式的制作。在编写过程中，对每一个制作步骤与要求反复考量，确保达到服装制作的规范性与标准性。

本书由陈东生教授和王鸿霖教授编著，其中主要编写工作由王鸿霖教授执笔。在编写过程中，受到张文斌教授由始至终的悉心指导，同时得到东蒙集团服饰有限公司的技术总监陈波先生诸多支持，在此一并表示诚挚感谢。

由于编者水平有限，疏漏之处在所难免，恳请读者批评指正。

编著者
2020年5月于向塘

目 录

第一章

现代男装发展变革及风格分类

第一节　现代男装演变与发展

　　男装是人类服装中重要的组成种类，随着政治、经济、文化的影响，作为服饰文化之一的男装也在发生着巨大的变化。

　　20世纪20年代末，男式礼服燕尾服开始简化，无尾礼服在美国纽约诞生（图1-1），风雨衣外套款式从英国传至美国，军用服装款式和色彩开始流行（图1-2），海军蓝、海军绿、陆军卡其色等普遍运用于各类服装的设计中，男衬衫的领子变小，长至臀部的西装和修长的裤子搭配成为时尚。

图1-1　　　　　　　　　　　　　　　　　　图1-2

　　20世纪30年代，这一时期腰部合体、宽肩、大翻领的英式立裁西装被大众认可，背挺肩拔的成熟男人形象成为好莱坞银幕上的时尚偶像（图1-3）。同时期，狩猎夹克（Safari Jacket）开始流行（图1-4、图1-5），海军领、一字领的T恤也被当作外衣穿着。

　　20世纪40年代，正处在第二次世界大战期间，出于对军人的崇拜，军服风格大行其道，防水风衣从军队走向民间（图1-6），斜纹棉布裤、羊毛衫、T恤等服装也成为大众的

图1-3

图1-4

图1-5

休闲服装，宽肩、收腰的西装依然盛行。此时皮革飞行夹克开始流行，顾名思义，最初是专门为飞行员特别设计的外套夹克，开始时它们大多为长至大腿并收腰的款式，衣身以皮革为主，翻领上的毛皮几乎是所有飞行员最引以为傲的独特标志，后来又发展到其他材质和短款的出现（图1-7）。

图1-6

图1-7

　　20世纪50年代，自然肩的商务西装开始流行，常春藤式（又称"Brooks Brothers"样式）西装是美国最主要的时尚风格之一（图1-8）。有时又称"大学样式"，因为许多穿着者是大学生或大学毕业生。廓型合身笔直，肩部狭窄自然，没有垫肩或垫肩不明显，有三或四粒纽扣。长裤相当合身，略成锥形，通常不打褶（图1-9）。与同样受欢迎的宽肩、收腰"好莱坞样式"的西装廓型正好相反。这两种样式构成了当今美式时尚的两个极端，两者的服装要素和结构完全不同，20世纪70年代末以前，在绅士着装体系中分别扮演着不同的角色，并一直雄霸西装历史潮流，形成两强对峙的态势，以致其他西装着装风格不能与其争艳。

图1-8

图1-9

　　20世纪60年代的美国迎来了第二次世界大战后所带来的物质大繁荣的阶段。经济的发展培育出了一大批中产阶级，这一身份的标榜直接影响了当时的街头风尚。当时的男性着装风格仍是以"职业装"为最关键的元素——剪裁得体的西装被认为是中产阶级精英们所必备的装束，例如60年代007系列电影里的詹姆斯·邦德（James Bond）穿着的最为典型的西服套装，西装明显的特点为修身廓型、两粒纽扣、窄驳头，以及强调腿部的瘦型裤大受欢迎（图1-10）。而此时源于英国伦敦的卡纳比街（Carnaby Street）印有色彩艳丽夺目的怪诞图案的运动衫和喇叭裤也逐渐成为街头时尚（图1-11）。色彩鲜艳，如橙、绿、黄等色上衣与洗白的牛仔裤或条纹裤的混搭成为嬉皮士风格的代表。由于滑板运动的盛行，彩色格子呢衬衫、卡其布裤子和帆布运动鞋也成为常见的搭配形式。

图1-10

图1-11

　　商务人士开始喜欢穿着紧身合体的意大利西装，高隆式的垫肩、收腰合体的西装和喇叭裤的搭配成为时尚，意大利欧式西装（Italian Continental Suit）是由罗马的西装裁缝发明的，因在一时间风行欧洲而得名。通常，这种西装版型的翻领都不会太长，第一粒纽扣的扣眼也稍高，领驳口和腰线都很高，下摆设计也以紧贴腰身为主。整体看来，意大利欧式西装追求的是"紧致"（图1–12）。1960年，在意大利电影《甜蜜的生活》（La Dolce Vita）中，由于导演费里尼（Fellini）十分钟爱这种西装版型，因此他的电影中的男主角通常都穿着这种西服（图1–13）。

图1–12

图1–13

　　20世纪70年代，朋克（Punk）风格在年轻人中兴起，朋克本来是由一个简单悦耳的主旋律和三个和弦组成的最原始的摇滚乐，诞生于70年代中期，朋克乐队的音乐不太讲究音乐技巧，而更倾向于思想解放和反主流的尖锐立场，与源于60年代车库摇滚（Garage Rock）和早期朋克摇滚的简单摇滚乐形成鲜明的反差，因此，朋克是一种反摇滚的音乐力量。朋克的精髓在于破坏，彻底的破坏与彻底的重建就是所谓真正的朋克精神，这种初衷在当时特定的历史背景下的英美两国都得到了积极效仿，最终形成了朋克运动。随之衍生的朋克服饰文化，如女穿男装，穿着皮革，佩戴金属类的饰品，全身穿得破破烂烂，烟熏妆、皮手套、皮草、皮带、金属装备、金属链、渔网袜、粗野故意的毛边，不规则的造型，破损残旧，随意混搭，色彩或艳丽或质朴或中性或性感，面料或皮革或棉毛或纱质，皆可表现（图1–14）。在现代时尚中，新一代年轻人的反叛和另类的个性通过朋克风格得到彰显，朋克风格的设计也一度成为时尚并流行。现在，朋克风格已逐渐被当今风行的波希米亚风格所代替，但不变的仍是那种自由不羁与野性尊严（图1–15）。

图1-14

图1-15

　　20世纪70年代的男装强调的是修身廓型与收缩腰线。当时的西装外套大多有着夸张的翻领，对于双排扣的款式尤其如此，背开双衩的西装再度流行，加上背心的三件式西装是基本配备（图1-16）。天鹅绒的套装或者天鹅绒夹克搭配牛仔裤，适用于晚间场合。诺福克夹克（Norfolk Jacket）与狩猎夹克也广受欢迎，而灯芯绒、牛仔、斜纹布与双面针织面料则备受青睐（图1-17）。其中针织面料比比皆是，几乎覆盖了男士春夏秋冬的衣柜，被广泛取制衬衫、套头衫、背心等。

图1-16

图1-17

　　20世纪80年代，西部牛仔装再度兴起。西部牛仔（West Cowboy）指18~19世纪在美国西部广袤的土地上的一群热情无畏的开拓者。在美国历史上，他们是开发西部的先锋，富有冒险和吃苦耐劳精神，因此被美国人称为"马背上的英雄"。出于对英雄的崇拜，以牛仔帽、牛仔裤（斜纹劳动布裁剪）及长筒靴的西部牛仔风格的服装成为青年人追逐的时尚装扮（图1-18~图1-20），而汗衫、网球服、滑雪夹克、冲浪服等运动装成为休闲装的代表。

图1-18　　　　　　　　　　　　图1-19　　　　　　　　　　　　图1-20

　　20世纪90年代，由于极限运动的盛行，滑雪、帆板、越野自行车等运动的兴起，爱好者都喜欢穿上最酷的服装来展现自己，耐克、阿迪达斯、锐步等运动品牌也都加入了时尚元素。嘻哈风格开始就是一种彻头彻尾的街头风格（图1-21），它把音乐、舞蹈、涂鸦、服饰装扮紧紧捆绑在一起，成为20世纪90年代最为强势的一种青年风格（图1-22）。明快、自由、随性，冬天连帽T恤、夏天T恤配垮裤，但是非常重视衣服上的涂鸦，甚至当作传达世界观的工具。衬衫、水洗牛仔裤、任务靴和渔夫帽，嘻哈中也有时尚感。

图1-21　　　　　　　　　　　　　　　　　　图1-22

图1-23　　　　　　　　　　　图1-24　　　　　　　　　　　图1-25

21世纪至今，按理出牌仍是现代男装的设计取向，也是男装分类的重要原则。男装主要分为三大类型：正装（图1-23）、休闲便装（图1-24）和运动装（图1-25）。正装主要向高定方向发展，高品质的面料和完美的合体性是昂贵的高级男装的标志；休闲装和运动装的廓型，色彩随着潮流不断向时尚化和个性化方向发展。

第二节　中国现代男装演变与发展

一、民国时期服饰

中国男装在清代以前主要是长袍、马褂，1911年辛亥革命爆发后，废除了帝制，建立了中华民国。中华民国成立以后，清朝的服饰制度大部分被革除，传统服饰至此发生了整体上的变化，中西合璧的服饰或纯西式的服饰逐渐进入中国人的生活。20世纪20年代，长袍、马褂、西服、中山装等，都是这一时期男子的流行服饰。开始的时候传统的痕迹还比较重，后来受西方服饰文化的影响，男子开始穿着西装，但并不排斥原来的服饰，长袍、马褂与西装革履并行不悖，"中山装"成为这一时期的经典服装。

1. **长袍、马褂**　长袍、马褂依旧是民国时期法定的礼服，一般社交场合多穿此服，民国时期的马褂崇尚狭窄，一般多以黑色棉麻毛丝为质料，对襟窄袖，长至腹部，

图1-26　　　　　　　　　图1-27　　　　　　　　　图1-28

前襟钉纽扣五粒；长袍多用蓝色，一般是大襟右衽，长至踝上两寸，袖长与马褂并齐
（图1-26）。民国后期，马褂越来越少，趋于淘汰（图1-27）。不过民国时期是长袍、马褂
与西装革履并举，穿着上半中半西、亦中亦西者大有人在。长袍、西裤、圆形礼帽、皮鞋
的配套穿着是不少有身份、有地位人物的时尚装扮。

2. **中山装**　孙中山式中山装其中的一种说法起源是：1919年，孙中山先生在上海居
住时，有一次他将一套已经穿过的日本陆军服拿到亨利服装店请裁缝改成"便服"，然而
改后的"便服"仍有点像英国军制服。但在便服中，它既非"唐装"，更非"西装"。当时
的中山装后背有缝，后背中腰有带，前门襟钉七粒纽扣，上下口袋带盖并有"明裥"。与
中山装配套的裤子是西裤，它是由前后分片组成，腰部有褶裥，有侧袋和后袋，裤脚外翻
边。由于中山装是由孙中山先生创导并率先穿着的，故得名。它综合了西式服装和中式
服装的特点，曾被赋予革命及立国的含义，以衣服的结构寓意"礼、义、廉、耻""以文
治国""五权分立"和"三民主义"（民族、民权、民生）等。封闭的衣领显示了"三省吾
身"、严谨治身的理念。中山装穿起来收腰挺胸，舒适自然。中山装夏用白色，其他季节
用黑色；外观轮廓端正，线条分明，有庄重的美感（图1-28），因此，中山装兼有西装的
特点，充分表现了当时国人的时代精神。

3. **西装**　辛亥革命前后受西方文化的影响，西装在中国开始流行起来，其穿着者主
要是官吏、留学归国的革命者、大都市的知识分子等。另外，当时口岸城市中的学生、教
师、洋行和机关办事员着西装的人最多，最初的西装几乎清一色是进口货。1904年，"王

兴昌记"服装店制作出第一套西装，可谓是"国产西装"，该西装款式为小驳头、下摆方里带圆，裤腿窄小，是仿制当时流行的西装样式（图1-29）。

　　4. 学生装　学生装通常为年轻和进步青年穿着的服装款式，最初的学生装主要是清末留日学生带回的制服，形制比较简单，立领、左胸前有一个插笔袋（图1-30）。

　　5. 袄裤　上着衫袄、下着裤，这是一般民间百姓的衣着，通常是下层人的穿着，中式裤宽大松垮、头戴瓜皮帽或罗宋帽。穿中式裤、足蹬布鞋或棉靴，俗称"短打扮"。

　　6. 大氅　在北方地区，还流行穿大氅，即披风，穿着者多为一些军政要员（图1-31）。

图1-29　　　　　　　　　　图1-30　　　　　　　　　　图1-31

二、新中国男装服饰

　　中华人民共和国成立初期，西服、长衫已成为明日黄花，革命装束的大流行促使红帮裁缝们用做西装的方法做中山装、人民装，干部装、列宁装成为当时服装时尚的主角。

　　1. 改良版中山装　中山装一直是无产阶级革命者的着装形象，当时国家领导人无不穿着中山装。中山装的裁剪和设计吸收了现代服装的特点，造型上突出了人体的线条，穿上中山装使人显得威武挺拔、庄重严肃，既可作为礼服也可作为便装，成为国内男子的主流服饰。从20世纪50年代开始普及，中山装也逐渐改良，主要的改动是将七粒扣改为五粒扣，后背取消腰带、开衩，上口袋有明裥的贴袋改为平贴袋（图1-32），另外领口开大，翻领也由小变大。毛泽东主席很喜欢这种改良版的中山装，国际上又称此时期的中山装为"毛装"。中山装在新中国相当长的一段时期内一直是男装款式的主角（图1-33），直到改革开放以后，中山装才开始逐渐消退。

图1-32　　　　　　　　　　　　　　　　　　图1-33

2. **人民装**　人民装的衣身结构与中山装相同，是在改良版中山装的基础上进行系列设计，外观上去掉了四个明贴袋（图1-34）。青年人穿的军便装结构也同中山装，但去掉了中山装的四个贴袋，胸前的口袋留袋盖（图1-35）。青年装款式为单立领，左胸有一个手巾袋，下面两侧各设一个嵌线袋（图1-36）。

图1-34　　　　　　　　　图1-35　　　　　　　　　图1-36

三、改革开放至今男装服饰

1. **喇叭裤**　1980年代改革开放初期，在国外流行的喇叭裤悄悄地闯进了国门，并在国内掀起了一阵波澜，腰、臀、大腿包紧，膝盖以下放开呈喇叭状的裤子成为那个年代的标志，穿喇叭裤、戴蛤蟆镜、大鬓角或留长头发的年轻人成为时髦形象（图1-37）。

图1-37

图1-38

　　2. T恤　20世纪80年代末90年代初，圆领T恤在民间兴起，T恤亦称为圆领衫、老头衫。又因为T恤上常常印有形形色色的文字或个性图案，使改款服装具有了某种"文化"的意味，因此又称为文化衫。T恤制作简单、方便、价廉，并带有一种浓郁休闲的意味而广泛受到人们的喜爱（图1-38）。

　　3. 中式服装　相当长时间里，中国大多数农民和城市平民仍保留穿着中式衣服的习惯，到了冬季，大多数人喜欢在中式棉袄的外面穿着军便装、中山服。20世纪90年代以后，中国在世界的地位逐渐崛起，变化新颖的中式服装又开始流行起来。2000年后，复古风兴起，中式服装在设计方面有了进一步提高，着新式中装成为一种时尚（图1-39、图1-40）。

图1-39

图1-40

　　4. 牛仔装、休闲装　20世纪90年代以后，伴随着网络时代的到来，"硅谷IT"式的年轻、休闲、随意的着装风格对中国的白领阶层产生了相当的影响，牛仔裤、牛仔装、休闲鞋（运动鞋）成为男性的时尚装束（图1-41~图1-43），中国服饰也步入一个多元丰富的时代。

图1-41　　　　　　　　　图1-42　　　　　　　　　图1-43

第三节　现代男装分类

一、现代男装风格分类

1. 古典绅士风格　古典绅士风格的服装主要以传统经典的款式为主，在设计上讲究合理、单纯、节制、平衡、简洁，思维上往往带有强烈的唯美主义倾向，款式简洁，偏爱黑、藏蓝、深灰等深色系及素色图案，内外搭配规范，不太受潮流左右，裁剪制作精良，面辅料选用高档。

2. 前卫时尚风格　前卫时尚风格的服装时髦、新奇，甚至怪异、另类，款式造型夸张、结构复杂、用色和搭配突破常规，代表的服装有朋克装、吉拉吉风貌（Grunge Look）等。

3. 运动休闲风格　运动休闲风格的服装宽松、H型，插肩袖居多，面料舒适透气性好，色彩搭配自然悦目，注重功能性的细节设计。

4. 高贵优雅风格　高贵优雅风格常被称为新古典主义，它是构建在现代社会的审美之上，服装表现整体、自然、高贵、含蓄、雅致，裁剪合体、细节精致，重视穿着者的气质及服饰的协调性，倡导精致的生活方式，代表的服装有高级定制西装等。力争打造一个含蓄而不张扬的英伦贵族形象，显示自我和个性独立，衬托出成熟、硬朗和优雅的气质。

5. 民族风格　民族风格的服装是根据本民族服装的基本特点，顺应服饰潮流，融入新的时尚元素，并进行技术改良的服装。服装款式以民族服装廓型为基调，以绣花、印花、蜡染、扎染为主要工艺，以棉、麻、丝为主要面料，如流行的新唐装、改良旗袍等，能够显示穿着者的独特个性和文化气质。

二、现代男装款式分类

1. 礼服外套

（1）燕尾服：也称晚礼服，是下午18:00以后穿着的高级礼服。其基本结构为前身短、后身长，后衣片呈燕尾式开衩。颜色多为黑色或深蓝色。正式标准燕尾服的领型是戗驳领，半正式场合为青果领，通常用黑缎做领面；左胸上方有一个手巾袋；双排六粒纽扣，不系扣；上身配穿白马甲，内穿白色双翼领礼服衬衫，系白色或黑色领结，其中白色蝴蝶结为正式场合用，黑色蝴蝶结为半正式场合用。下身为与燕尾服同料的不翻脚长裤，两侧有缎面条形装饰（图1-44）。

图1-44

（2）晨礼服：前衣身一粒纽扣，衣片下摆至后身膝关节呈大圆摆，后背与燕尾服同样，领型为戗驳领，衣料采用黑色或灰色的礼服呢料，下配灰色与黑色的条纹或与礼服同面料的不翻脚口西裤（图1-45）。

2. 西服套装　西服套装是一种准礼服，是傍晚时分穿着的礼服，介于晨礼服与晚礼服之间，如鸡尾酒会服、晚间小礼服等。准礼服比起豪华气派的晚礼服更注重场合、气氛，但相对简化一些。准礼服为西装形式，采用单排或双排扣，驳领有缎面戗驳领和青果领，并配以黑色或深色不翻脚西裤，以及与上衣同面料的马甲（图1-46、图1-47）。

3. 内搭上衣

（1）衬衫：按风格可分为正装衬衫（图1-48）、礼服衬衫和休闲衬衫（图1-49），按袖子的长度可分为长袖衬衫和短袖衬衫等。

（2）T恤：又名"体恤"，是英文"T-shirt"的汉语译名，因形如T字而得名。起初是内衣，实际上是翻领半开领衫，后来才发展到外衣，包括T恤汗衫（图1-50）和T恤衬衫（图1-51）两个系列。T恤的结构设计简单，款式变化通常在领口、下摆、袖口、色彩、图案、面料和造型上。T恤可以分为有袖式、背心式、露腹式三种形式。T恤是夏季服装中最活跃的单品，从家常服到流行装，T恤都可以自由搭配。只要选择好同

图1-45

图1-46

图1-47

图1-48

图1-49

图1-50

图1-51

图1-52

图1-53

一风格的下装，就能穿出流行的款式和不同的情调。

（3）马甲：原意指马的护身甲，清八旗制的兵丁就称其为马甲。用于指衣服时正确的写法应是"马甲"，无袖上衣，也称为马夹、坎肩或背心，是一种无领无袖，且较短的上衣。主要功能是使前、后胸区域保暖并便于双手活动。它可以穿在外衣之内，也可以穿在内衣外面。主要品种有各种造型的西服马甲（图1-52）、棉背心、羽绒背心、毛线背心及休闲马甲（图1-53）等。

4. 常服外套

（1）大衣：是穿在一般衣服外面具有防御风寒功能的外衣，长度至腰部及以下。大衣一般为长袖，前面开襟并可以钉装纽扣、拉链、魔术贴或用腰带束起，具有保暖或美观功效。在古代，大衣指古代女性的礼服，名词起源于唐代，沿用至明代。现在所称的西式大衣约在19世纪中期与西装同时传入中国，当时称礼服大衣或长大衣。19世纪20年代，大衣成为日常生活中的服装，衣长可至膝盖略下，大翻领，收腰式，襟式有单排纽、双排纽。现代流行的大衣款式变化多样，但领子仍然以西装领为多（图1-54）。

（2）风衣：是一种防风的轻薄型大衣，适合于春、秋、冬季外出穿着，也是近二三十年来比较流行的服装款式之一。风衣起源于第一次世界大战时西部战场的军用大衣，被称为"战壕服"。其款式特点是前襟双排扣，后背和右肩附加裁片，开袋，配同色料的腰带、肩襻、袖襻，采用装饰线缝。战后，这种大衣曾先作为女装流行，后来有了男女之别、长短之分，并发展为束腰式、直筒式、连帽式等形制，领、袖、口袋以及衣身的各种分割线条也纷繁不一、风格各异。风衣用料多样，高、中、低档面料均可（图1-55）。

（3）棉服：指以棉花、羽绒等物料作为填充物，用来御寒的服饰，是冬季的主要服装款式。其结构分为活里设计（图1-56）和死里设计（图1-57）。

5. 休闲外套

（1）登山服：也称为"冲锋衣"，是适合户外运动特别是登山运动的服装，属于防水

图1-54　　　　　　　　　　图1-55

又透气的功能性服装，主要为冬季服装款式之一。其特点是袖口和腰部束紧，衣内多衬有羽绒、丝棉等既轻又保暖的材料，要求穿脱容易，使肩膀、手臂、膝盖不受任何压力；口袋多而大，并装有袋盖、纽扣、拉链，使口袋内的东西不至于掉落。一般选用表面光洁滑爽、可防风沙雨雪的面料（图1-58）。

（2）夹克：夹克是英文"Jacket"的译音，是一种短上衣。翻领，对襟，多用按扣(子母扣)或拉链，便于工作和活动。夹克风行于20世纪80年代，现代夹克在设计上有更多的

图1-56　　　　　　　　图1-57　　　　　　　　图1-58

图1-59　　　　　　　　　图1-60　　　　　　　　　图1-61

时尚元素，成为人们日常生活中很喜欢穿的一种服饰（图1-59）。

（3）时尚中装：指以满族人的马褂为雏形，加入立领和西式立体裁剪所设计的服饰。其主要特点：一是采用立式领型；二是连袖，即袖子和衣服为一整体没有接缝，以平面裁剪为主；三是对襟，也可以是斜襟；四是采用盘扣，纽扣由纽头和纽襻两部分组成（图1-60、图1-61）。

6. 下装

（1）西裤：指西服套装的裤子，裤腿有侧缝，穿着分前后，且与体型协调的裤子（图1-62）。根据腰部褶裥的多少可以分为双褶西裤、单褶西裤和无褶西裤；侧袋为斜插袋，后袋有单嵌线和双嵌线之分，有袋盖和无袋盖之别。随着流行，还出现了西短裤，其工艺和长裤相同，长度在膝盖上下不等。

（2）运动裤：运动裤的英文为sport pants或exercise pants，适于运动方便，是一种比较宽松的裤子。随着流行，在设计方面加入了时尚的元素，成为青年人的首选。运动裤对材质方面有特殊的要求，一般来说，运动裤要求易于排汗、舒适、无牵扯，非常适合激烈的运动时穿着（图1-63）。

图1-62

图1-63　　　　　　　　　　　　图1-64　　　　　　　　　　　　图1-65

（3）休闲裤：与正装裤相对而言，指穿起来显得比较休闲随意的裤子（图1-64）。广义的休闲裤，包含了一切非正式商务、政务、公务场合穿着的裤子。其结构以西裤为模板，在版型上更注重细节的变化，颜色也更加丰富，面料选用非常宽泛。

（4）牛仔裤：又称坚固呢裤，原是美国西部早期垦拓者（牛仔）穿着的工装裤，一般以纯棉或以棉纤维为主混纺、交织的色织牛仔布制作。现作为一种男女老少皆穿的便裤。蓝色粗斜纹布厚裤子，在张力点上用金属铆钉加固，裤腿紧裹在腿上，裤子整体造型有直筒型、锥型和喇叭型等。裤子外观为前身裤片无裥，后身裤片无省，门里襟装拉链，前身裤片左右各设有一个斜袋，后身裤片有尖形贴腰的两个贴袋，袋口接缝处钉有金属铆钉并缉有明线装饰，具有耐磨、耐脏，穿着随体、舒适等特点（图1-65）。

第四节　男装特点及设计要求

一、男装的特点

1. **男装的功能性**　男装造型最大的特点是显示力量与健康，其设计强调实用性。
2. **男装的程式化**　男装的程式化表现在以下五个方面：

（1）材料的程式化：一般多采用高密度织物。

（2）用色的程式化：男装常以素色为主，蓝、黑、灰为主色调。

（3）款式的程式化：男装的整体造型基本恒定，注重细部变化和细节的功能化设计。

（4）结构的程式化：男装衣片结构基本稳定，衣身一般为三开身和四开身两种，领型多为立领、翻领和驳领，袖型为一片袖和两片袖及插肩袖。

（5）规格的程式化：由于男装设计原理注重功能与审美的高度统一，一般多采用中庸的尺寸配置。

近年来，男装也在突破原有的形式，向"中性化""多元化""超性别主义"发展。

3. 男装穿着的严谨性　男装穿着的严谨性主要从西装来体现。

（1）穿两粒扣西装系第一粒纽扣表示庄重，不系纽扣则表示气氛随意；三粒扣西装系上中间一粒或上面两粒扣为郑重，不系扣则表示融洽；一粒扣西装以系扣和不系扣区别郑重和非郑重。

（2）西装的驳头扣眼，本来是用作防寒时扣纽扣的，之后逐渐演变为插花扣眼或仅作装饰用；袖扣本为实用设计，现只是程式化的装饰，1~2粒扣表示休闲和运动，3~4粒扣表示正规。

（3）西装表面的胸袋以及腰腹部的两个大袋，已演变成徒具形式的装饰符号，其实用功能已向里袋与西装拎包转移。

（4）配合西装穿着的衬衫必须保持洁净，下摆须塞进裤子里，领扣和袖扣必须系好；衬衫袖口应露出西装袖口1cm左右，衬衫衣领应高出西装领0.5cm，以保护西装衣领，增添美感。

（5）正式场合穿着西装必须系领带。

（6）正式场合西裤一定要与西装上衣同料同色，西裤的裤线需烫挺烫直。

（7）穿西装一定要配皮鞋，还必须注意色彩及风格的统一等。

二、男装设计的基本要求

1. 设计TPO原则　TPO原则，是有关服饰礼仪的基本原则之一，也是服装设计的总原则，其中的T、P、O三个字母，分别是英文时间"Time"、地点"Place"、目的"Occasion"这三个单词的缩写。"TPO"原则表示着装和设计要考虑时间、地点、场合，应力求服装的具体款式与着装的时间、地点、目的协调一致，较为和谐般配。

2. 设计要求

（1）追求工艺精良的技术美：服装的技术美是以服装真实的物质形态作为其表现形式，结构平衡、穿着合体、缝制精当、吃势均匀、止口顺直、熨烫平整等是其具体表现。

（2）追求结构精巧的功能美：服装功能美体现于穿着美观合体，同时又感觉舒适，便于运动，有利健康。

（3）追求简约大气之美：服装简约大气表现于去除冗杂，只留精华；遵守虽弧犹直、虽大犹小、虽繁犹简的原则，力求舒展、简洁、挺拔，切忌矫揉造作。

思考与练习

1. 简述各个时期经典男装的风格特点。

2. 以一款经典男装为例，思考TPO原则如何在男装设计中体现。

3. 简述各个时期男西装的款型风格变化。

第二章

男装版型设计基础

第一节　男体体型特征、参数与测量

一、男体体型特征与参数

（1）男体标准头身比例：7~7.5头长。

（2）颈部：较粗、呈近似圆柱体，颈的前部中央有隆起的喉结，老年男性更为明显，颈项前倾、喉结大，颈的下部有凹形小窝。而女性颈部细长，喉结不明显。

（3）肩部：宽而方，肌肉较丰厚，锁骨弯曲度大，肩头呈圆形，略向前倾，整个肩部俯看呈弓状。相比较，女性肩部较窄而扁，向下倾斜度较大，肩头的前倾度、肩膀的弓状均较男性明显。男性的肩部一般宽而平，女性肩部窄而斜。标准的肩宽等于2倍的头长，因人体的差异，在身高和胸围相同的人群中，肩部的宽度可以分为正常型、宽肩型与窄肩型。肩部的斜度可分为正常型（22°~23°）、高肩（也称为拱肩、平肩，小于21°）、低肩（亦称为塌肩或溜肩，大于24°）和高低肩（即一肩高一肩低）。

（4）胸部：男性胸廓较长而且宽阔，胸肌健壮，呈半环状隆起，凹窝明显，但乳腺不发达。相比较，成年女性胸部乳房突出，而胸廓较窄。女性胸部形似于椎体，故前浮余量要通过收省进行处理；男子胸部近似圆台，故前浮余量不能进行收省，只能进行归拢或不对准BP点进行撇胸处理。

（5）背部：男性的背部宽阔，肩胛骨微微隆起，背肌丰厚，肌形凹凸变化显著，脊柱的弯曲度较小。而女性背部较窄，肩胛骨凸起较男性显著。根据实验得到的数据是：男子A体（身高170cm，净胸围88cm）的后腰节比前腰节长出0.8~1.5cm。中老年男子（身高170cm，净胸围96cm）的后腰节比前腰节长出1.7cm左右。

（6）腹部：男性腹部脂肪较多，大多呈圆形隆起状，而女性腹部脂肪一般在脐下。

（7）腰部：男性腰部比女性宽，宽度略大于头长，腰部脊柱弯曲度小，腰位较低，凹陷稍缓。而女性腰部脊柱部分较长，曲度较大。

（8）臀部：男性骨盆高而窄，髋骨外突不明显，臀部肌肉丰满，但脂肪少，因而侧髋、后臀不如女性圆浑。而女性盆骨宽大，臀部向外突出。男子净臀围与净胸围的差值一般为2~4cm，女子净臀围与净胸围的差值一般为4~6cm；男子后臀夹角一般为10°，女子后臀夹角一般为12°。

（9）上肢：男性上肢垂手时，中指尖可达到大腿的中段，较女性略长。上臂肌肉健壮，轮廓分明，肩部宽阔，肩部与上臂的分界线较明显；肘部宽大，凹凸清楚，腕部扁平，手宽厚粗大。男性手臂自然状态下前曲倾斜的程度和肘部弯曲程度比女性大，男性手臂中心线与垂直线夹角为8°左右，女子为6.18°。

（10）下肢：男性下肢略显长，肌肉发达，膝、踝关节凹凸起伏明显，大小腿表面弧度较大，两足并立，大小腿的内侧可见缝隙。

二、男体体型分类

男子的体型可以分为正常体和特殊体型。

正常体是指人体的高度与围度、宽度的比例均衡，无残疾、无倾斜。

特殊体型从总体上可以分为反身体、厚身体、后倾体、屈身体、扁平体和凸肚体等。

1. **反身体**　亦称挺胸体。从侧面观察，人体中心轴线向后倾，胸厚，胸部挺出，弧度明显，后背一般较平；头部、脖颈向后仰；手臂稍向后，手腕位置也随之后移；身体较厚，胸部较宽，背部较窄；臀向后突出，臀高点偏上，腹部很平并内收；腰后部曲线明显，腰节最细处从侧面观察不为水平线而为后翘的斜线，整个身体外形呈反S形。与标准体型相比，由于高耸的胸部和内收的腹部，若从前胸引垂线，该垂线与腹部的距离比标准体要大；从后背引垂线，则垂线过臀部高点。

2. **厚身体**　身体呈圆浑状，胸部、背部高，肩部、胸部、背部等较窄。

3. **后倾体**　也称为挺胸体。该体型胸部隆起较高，从侧面看上身向后倾斜。

4. **屈身体**　也称为驼背体。该体型背部突出且宽，人体中心轴线前倾，头部前挺，前胸较平且窄。

5. **扁平体**　身体呈扁平状，胸部、背部平缓，肩部、胸部、背部较宽。

6. **凸肚体**　该体型特征是腹部突出并等于或大于胸围，身体后仰，两臂后垂，背部较平坦。

7. **平肩体**　肩部平直，呈"T"字形，肩斜度小于21°。

8. **溜肩体**　肩部塌下，呈"个"字形，肩斜度大于24°。

9. **高低肩**　左、右肩高低不一致。

10. **冲肩**　也称为拱肩，从侧面看，左、右肩端偏向前部。

11. **X型腿**　X型腿的人也常常是内八字脚，两条腿的膝关节向内倾斜，呈X造型。

12. O型腿　O型腿的人也常常是外八字脚，两条腿的膝关节向外倾斜，呈O字造型。

13. 凸臀体　相对于正常体而言，臀部外凸，趋向圆形，一般反身体也是凸臀体型。

14. 平臀体　相对于正常体而言，臀部偏平，趋向扁形，一般屈身体也是平臀体型。

三、男体测量

人体体表是个复杂的多面体，量体是制板的基础，只有准确的量体，才能获取服装制板有用的数据。人体的测量是集技术、经验等方面技法的综合实践，因此，要合理设定测量基准点和基准线，并要掌握正确的测量方法和要求。另外，对测量项目要仔细核准。

1. 人体的基准点（图2-1）

（1）头顶点：头顶部最高处的中心，是确定身高的依据。

（2）后颈点（BNP）：颈后第七颈椎骨突出点，是确定身长、背长的依据。

（3）肩颈点（SNP）：也称颈侧关，指颈侧根部与肩部的交叉点，人体侧面观察位于中心偏后位置。

（4）前颈点（FNP）：即颈窝点，颈根曲线的前中心，前领圈的中心点。

（5）肩端点（SP）：肩关节骨上端点，从侧面看在肩端以及上臂宽度的中央位置。处在肩与手臂的转折点上，同时，它也是测量袖长的基准点。

（6）前腋窝点（AC）：也称为胸宽点，手臂根部与前胸中部连接处，在手臂根部的曲线内侧位置，是手臂与躯干部在腋下结合的起点，作为测量前宽的基准点。

（7）后腋窝点（BW）：手臂根部与后背中部连接处，也是手臂与躯干部在腋下结合处的起点，是测量后宽的基准点。

（8）肘点：肘关节的突出点，在弯肘时，该点突出很明显，是确定短袖袖长及长袖结构的参考点。

（9）膝盖骨中点：指膝盖骨的中点位置，是确定膝围线的依据。

（10）腰点：肚脐以上腰部最细处。

（11）臀部后突点：臀部最突出处，和转子点处在同一水平线上。

（12）腕骨点：手腕骨点最高处，是确定袖长的参考点。

（13）外踝点：脚腕外侧踝骨的突起点，是测量裤长的基准点。

2. 人体的基准线（图2-1）

（1）颈围线（NL）：颈中部的围长，是确定领围尺寸的位置。

（2）颈根围线：在躯干与颈部的分界处，经过颈前点（FNP）、颈肩点（SNP）、颈后点（BNP）的连线，是确定领窝线的基础线。

（3）肩线：从颈肩点（SNP）至肩端点（SP）的连线。

（4）臂根围线：上肢与躯干的分界线，经过肩端点（SP）、腋窝前点（AC）、腋下和腋窝后点（BW）的围长。

（5）上臂围线（AL）：上臂最粗处围长。

（6）袖肘线（EL）：通过肘部的围长。

（7）胸围线（BL）：通过乳点的水平围长。

（8）腰围线（WL）：通过腰点的水平围长。

（9）臀围线（HL）：经过转子点和臀部最丰满处的水平围长。

（10）膝围线（KL）：通过膝盖的水平围长。

（11）踝围线：通过脚踝骨的水平围长。

（12）腕围线（SC）：手腕最细处的围长。

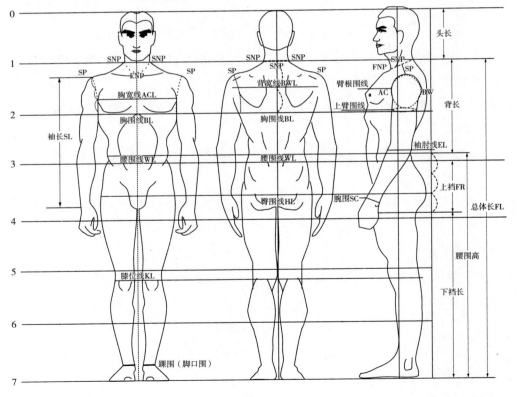

图2-1

3. 人体测量方法与测量要求

（1）测量方法：

①直接测量法：采用测量工具直接对人体各部位进行测量。

②间接测量法：根据光投影原理对人体进行测量的二维投影法和莫尔等高线法，三维立体扫描等方法。

（2）测量要求：直立姿势测量时，要求被测者处于自然放松状态。坐姿测量时，要求座椅高度适中，被测者要自然挺胸，上身与大腿保持垂直，大腿与小腿保持垂直。使用测量工具在基准点和基准线上进行测量，以确保测量数据的可靠性。测量时要有序进行并做好数据记录。一般测量的顺序为从上往下，先长度后围度。

4. 量体部位及方法（基本数据的测量）

人体是服装造型设计的依据，只有掌握了人体数据，才能绘制出比较科学的服装版型。我国服装号型标准制定时，选定了60个测量项目，而常用的数据一般需要20~30个。

（1）长度测量：

①总体长（L）：也称为颈椎点高，从人体后颈根处第七颈椎点（BNP）至地面的垂直距离（以不穿鞋为准）。

②衣长（CL）：从第七颈椎点（BNP）垂直下量至需要的位置，如马甲长度以腰围线为参考，西装长度以总体长的1/2为参考，礼服长度以膝围线（KL）为参考，以这种方式确定的为后衣长；还有一种确定前衣长的方法，即从颈肩点（SNP）经过前胸垂直量至所需长度，如西装量至大拇指中节，马甲量至腰节下15cm左右等。

③背长（BWL）：人体后颈点（BNP）垂直量至躯干最细处（腰围线处）。

④袖长（SL）：从肩端点顺着手臂量至所需长度。

全臂长：从肩端点（SP）量至手腕骨处。

长袖长：从肩端点（SP）量至腕关节与大拇指尖之间，可根据款式需要确定长度。

中袖长：从肩端点（SP）量至肘部与腕骨之间，可根据款式需要确定长度。

短袖长：从肩端点（SP）量至肘围处或肘上5~10cm处。

⑤上臂长：从肩端点（SP）量至肘围处。

⑥裤长（TL）：从髋骨点上腰宽的位置垂直量至所需长度。

腰围高：从腰围线处垂直量至地面的长度，是确定裤长的依据。

长裤：从腰围线（WL）的侧面向上3.5cm(腰宽)处垂直量至鞋跟与鞋帮的结合处，可根据款式需要适当增减。

　　中长裤长：从腰围线（WL）的侧面向上3.5cm(腰宽)处垂直量至膝围与小腿之间，可根据款式需要确定长度。

　　短裤长：从腰围线（WL）的侧面向上3.5cm(腰宽)处垂直量至膝围与大腿围之间，可根据款式需要确定长度。

　　⑦上裆（CD）：上裆又称为立裆或直裆，从腰围线（WL）的侧面垂直量至大腿根部的长度；也可以让被测者端坐在椅子上，从腰围线（WL）的侧面垂直量至椅面的距离（应加上0.5~1.5cm的肌肉压缩量）。

　　⑧下裆（IL）：侧面量，从大腿根部垂直量至地面的长度，是裤腿长设计的依据。

　　（2）围度测量：

　　①头围（HS）：从人体头部前额至后枕骨围量一周，作为设计帽子或套头型领口的参考依据。

　　②颈围（N）：软尺经过喉结在人体颈中部围量一周。

　　③胸围（B）：经过腋下，在人体胸部最丰满处水平围量一周。

　　④腰围（W）：在腰部最细处水平围量一周。

　　⑤臀围（H）：在臀部最丰满处水平围量一周。

　　胸围、腰围、臀围量体采集尺寸时有三种方式：一是被测者应当穿紧身内衣，这样取得的准确人体尺寸为净尺寸，再根据款式要求加放松量；二是被测者外穿衣服进行测量，在测量采集尺寸时应当减掉外衣所占的围度，一般穿衬衫测量减去1cm,穿西装马甲测量减去1.5cm，穿薄毛衣测量减去2.5cm，以上两种方式所得到的尺寸都作为最基本的尺寸，应根据款式要求进行加放松量；三是在测量时根据经验直接加放获取最终制板尺寸，这种方法在个性化定制时比较常用，需要有丰富的经验。

　　⑥腹围：在人体腹部最丰满处水平围量一周。

　　⑦臂根围（AH）：软尺从人体肩端点(SP)起，经过腋下围量一周。

　　⑧上臂围（A）：在人体上臂最粗处水平围量一周。

　　⑨腕围：在手腕处围量一周。

　　⑩大腿根围：在大腿根部围量一周。

　　⑪膝围（K）：在膝关节中部水平围量一周。

　　⑫踝围：在下肢脚踝骨处围量一周。

　　（3）宽度测量：

　　①总肩宽（S）：从左肩端点（SP）经过颈后点（BNP）量至右肩端点的距离。

②前胸宽：前面测量，从左腋窝点至右腋窝点的水平距离。

③后背宽：后面测量，从左腋窝点至右腋窝点的水平距离。

第二节　男装号型标准与规格设计

一、男装国家号型标准

1. 体型分类　我国的男装规格执行的是中华人民共和国国家标准(《服装号型　男子》GB/T 1335.1—2008)。该标准在全国范围内进行了大量的人体测量，同时对采集的人体数据进行了科学的统计、分析和处理，并与国际标准接轨。根据人体胸腰尺寸的落差"标准"将人体划分为Y、A、B、C四种体型，较全面地反映了我国人体体型的变化规律，为服装制造者提供了较为细致准确的数据，为成衣产品达到较好的适体性提供了科学的依据。

号：指人体的身高，以厘米为单位，是设计和选购服装长度的依据。

型：指人体的胸围和腰围，以厘米为单位，是设计和选购服装肥瘦的依据。

体型的分类代号分别为Y、A、B、C，如表2-1所示。

表2-1　我国男子四种体型分类　　　　　　　　　　　单位：cm

体型分类代号	胸围与腰围差
Y（瘦体型）	17~22
A（标准体）	12~16
B（壮体型）	7~11
C（胖体型）	2~6

我国幅员辽阔，人口众多，各个地方的体型分类比例差别很大，如表2-2所示。

表2-2　全国各地区男子不同体型所占比例

地区	体型				
	Y（%）	A（%）	B（%）	C（%）	其他种类（%）
华北、东北	25.45	37.85	24.98	6.68	5.04

续表

地区	体型				
	Y（%）	A（%）	B（%）	C（%）	其他种类（%）
中西部	19.66	37.24	29.97	9.50	3.63
长江中游	24.89	36.07	27.34	9.34	2.36
长江下游	22.89	36.07	27.14	8.17	4.63
两广、福建	12.34	37.27	37.04	11.56	1.79
云、贵、川	17.08	41.58	32.22	7.49	1.63
全国	20.98	39.21	28.65	7.92	3.24

2. 号型标准

（1）号型系列：国家号型标准是把不同人体的号和型进行有规则的分档排列，即为号型系列。号型系列是以各体型中间体为中心，向两边依次递增或递减组成。身高以5cm分档组成系列，胸围以4cm分档组成系列，腰围以4cm、2cm分档组成系列。身高与胸围搭配组成5·4号型系列，为上装规格；身高与腰围搭配组成5·2号型系列，为下装规格。

（2）号型标志：上、下装分别标明号型。表示方式为：号与型之间以斜线分开，后接体型分类代号。例如：170/88A，其中170代表号，表示适合的身高在168~172cm；88代表型，表示适合的胸围在86~89cm；A代表体型分类，表示胸围与腰围的差数在12~16cm。号型标志也可以说是服装规格的代号。

（3）中间体：根据大量实测的数据，通过计算，求出平均值，即为中间体。它反映了我国男子成人各类体型的身高、胸围与腰围等部位的平均水平，具有一定的代表性。男体中间体设置为：170/88Y、170/88A、170/92B、170/96C。

（4）号型应用：选购服装时，首先要了解自己是哪种体型，然后看身高和净体胸围（或腰围）是否与号型设置一致，如果一致可对号入座，如果不一致可采用近距靠拢法选购。另外，选购服装时，考虑到服装造型和穿着习惯，可以上下浮动一档，如表2-3所示。

表2-3　服装号型应用　　　　　　　　　　　　单位：cm

身高	162.5	163~167	167.5	168~172	172.5	173~177
选用号		165		170		175
胸围	82	83~85	86	87~89	90	91~93
选用型		84		88		92

（5）号型系列配置：对于服装企业来说，为了满足生产与服装市场销售的需要，必须根据选定的号型系列编制出服装的规格系列表。产品规格的系列化设计，是生产技术管理的一项重要内容，产品的规格质量要通过生产技术管理来控制和保证。一般规格系列设计基本能满足某一体型90%以上人群的需要，但在实际生产和销售中，由于批量投产、服装款式或者穿着对象不同等客观因素的影响，往往不能或者不必全部完成规格系列表中的规格配置，而是选用其中的一部分规格进行生产或选择所需要的号型配置。一般有以下三种配置方式：

①号与型同步配置：160/80、165/84、170/88、175/92、180/96。

②一号与多型配置：170/80、170/84、170/88、170/92、170/96。

③多号与一型配置：160/88、165/88、170/88、175/88、180/88。

二、规格设计

男装的规格设计通常有测体定尺寸法、号型比例公式法、比例推算法和控制部位参数确定法等四种方式。

1. **测体定尺寸法**　根据穿着者的要求通过各个基准点进行测量，是男装定制、单量单裁的一种方法。通常上装测量的规格有衣长、袖长、肩宽、领围、胸围等五个部位的尺寸，特殊体型还需要增加腰围、腹围、小肩宽、前后腰节长等尺寸。裤子测量的规格有裤长、腰围、臀围、上裆等四个部位，特殊体型还需要增加腹围、大腿根围等部位的尺寸。

男式服装的长度测量标准和围度放松量参考数据，如表2-4所示。

表2-4　男式服装长度测量标准、围度放松量参考表

品类	长度测量标准（cm）		围度测量标准（cm）				内穿条件
	衣长（前衣长）或裤长	袖长	胸围	腰围	臀围	领围	
短袖衬衫	手腕下2	肘关节上6	16~20			3	汗衫
长袖衬衫	手腕下3.5	手腕下1	16~20				汗衫
西装	大拇指中节	手腕下1	14~18		10~14		羊毛衫、汗衫
西装马甲	腰节下15		8~12				汗衫、衬衫
中山装	大拇指中节	手腕下2	18~24		14~20	5	毛线衫、衬衫
松身西装	大拇指中节	手腕下1	20~26		10~14		毛线衫、衬衫

续表

品类	长度测量标准（cm）		围度测量标准（cm）				内穿条件
	衣长（前衣长）或裤长	袖长	胸围	腰围	臀围	领围	
两用衫	手腕下5	手腕下1	18~24		14~20	5	毛线衫、衬衫
夹克	齐手腕	手腕下3	20~28		8~16		毛线衫、衬衫
卡曲衫（短外套）	齐大拇指	手腕下3	20~28		16~24		毛衣2件、衬衫
中式棉袄	大拇指中节	手腕下3	24~32			5	毛衣2件、衬衫
春秋中长大衣	膝盖上5~7	手腕下3	20~28		16~24		外衣、毛衣
春秋长大衣	膝盖下10	手腕下3	20~28		16~24	6.5	外衣、毛衣
冬季短大衣	齐大拇指	手腕下4	26~34		22~30		棉衣、毛衣
冬季长大衣	膝盖下10	手腕下4	26~34		22~30		棉衣、毛衣
棉长大衣	膝盖下15	手腕下4	30~38		26~34	8	棉衣、毛衣
短裤	膝盖上10~20			2~3	4~10		衬裤
夏季长裤	踝骨下1.5			2~3	8~14		衬裤
冬季长裤	踝骨下1.5			5~7	10~16		毛裤
直筒裤	踝骨下1.5			2~3	4~8		衬裤
紧身裤	踝骨下1.5			2~3	4		衬裤
牛仔裤	踝骨下1.5			6~7	4		衬裤
松身裤	踝骨下1.5			2~3	16以上		衬裤

2. 号型比例公式法　根据男性人体身高"号"与各长度控制比例部位存在着的密切对应关系来确定服装主要部位的长度，根据服装款式特点依据"型"确定服装的围度，以下为各类中间体服装规格系列表（国家标准），仅供参考，如表2-5~表2-11所示。

表2-5　男毛呢中山装规格（5·4系列）　　　　　　单位：cm

部位	中间体				分档数值
	170/88Y	170/88A	170/92B	170/96C	
衣长	74	74	74	74	2
胸围	108	108	112	116	4
袖长	60	60	60	60	1.5

部位	中间体				分档数值
	170/88Y	170/88A	170/92B	170/96C	
总肩宽	45.6	45.2	46	46.8	1.2
领围	40.4	40.8	42.2	43.6	1
设计依据	衣长＝号×40%+6，袖长＝号×30%+9，胸围＝型+20，领围＝颈围+4，总肩宽＝总肩宽（净体）+1.6				

表2-6　男毛呢短大衣规格（5·4系列）　　　单位：cm

部位	中间体				分档数值
	170/88Y	170/88A	170/92B	170/96C	
衣长	85	85	85	85	3
胸围	115	115	119	123	4
袖长	62	62	62	62	1.5
总肩宽	47	46.6	47.4	48.2	1.2
设计依据	衣长＝号×60%−17，袖长＝号×30%+11，胸围＝型+27，总肩宽＝总肩宽（净体）+3				

表2-7　男毛呢长大衣规格（5·4系列）　　　单位：cm

部位	中间体				分档数值
	170/88Y	170/88A	170/92B	170/96C	
衣长	116	116	116	116	3
胸围	118	118	122	126	4
袖长	63	63	63	63	1.5
总肩宽	47	46.6	47.4	48.2	1.2
领围					
设计依据	衣长＝号×60%+14，袖长＝号×30%+12，胸围＝型+30，总肩宽＝总肩宽（净体）+3				

表2-8　男化纤夹克规格（5·4系列）　　　单位：cm

部位	中间体				分档数值
	170/88Y	170/88A	170/92B	170/96C	
衣长	70	70	70	70	2
胸围	114	114	118	122	4

续表

部位	中间体				分档数值
	170/88Y	170/88A	170/92B	170/96C	
袖长	58	58	58	58	1.5
总肩宽	47.8	47.4	48.2	49	1.2
领围	44.2	44.6	46	47.4	1
设计依据	衣长＝号×40%+2，袖长＝号×30%+7，胸围＝型+26，领围＝颈围+4，总肩宽＝总肩宽（净体）+1.6				

表2-9　男化纤衬衫规格（5·4系列）

单位：cm

部位	中间体				分档数值
	170/88Y	170/88A	170/92B	170/96C	
衣长	72	72	72	72	2
胸围	108	108	112	116	4
袖长（长袖）	58	58	58	58	1.5
袖长（短袖）	22	22	22	22	22
总肩宽	45.6	45.2	46	46.8	1.2
领围	38.4	38.8	40.2	41.6	1
设计依据	衣长＝号×40%+4，长袖长＝号×30%+7，短袖长＝号×20%−12，胸围＝型+20，领围＝颈围+2，总肩宽＝总肩宽（净体）+1.6				

表2-10　男西装马甲（5·4系列）

单位：cm

部位	中间体				分档数值
	170/88Y	170/88A	170/92B	170/96C	
衣长	60	60	60	60	1
胸围	98	98	102	106	4
设计依据	衣长＝号×30%+9，胸围＝型+10				

表2-11　男毛呢西裤（5·2系列）

单位：cm

部位	中间体				分档数值
	170/70Y	170/74A	170/84B	170/92C	
裤长	104	104	104	104	3
腰围	72	76	86	94	2

续表

部位	中间体				分档数值
	170/70Y	170/74A	170/84B	170/92C	
臀围	100	100	105	107	Y、A=1.6 B、C=1.4
设计依据	裤长＝号×60%+2，腰围＝型（净体腰围）+2，臀围＝净体臀围+10				

3. 比例推算法　根据人体身高（h）和净体围度（B^*、W^*、H^*等）以及服装风格确定服装的规格。

（1）男上装规格设计：

①衣长（L）：$L=0.3h+4$cm(西装马甲类)，$L=0.4h+$（3~4）cm（衬衫类），$L=0.4h+$（6~8）cm（西装类），$L=0.4h+$（0~2）cm（夹克类），$L=0.6h+$（15~20）cm（风衣、长大衣类）。

②前腰节长（FWL）：$FWL=0.25h+2$cm+（0~2）cm(调节量)。

③袖长（SL）：$SL=0.3h+$（8~9）cm+垫肩厚（西装类），$SL=0.3h+$(9~10)cm（衬衫类），$SL=0.3h+$（10~12）cm（风衣、大衣类）。

④胸围（B）：$B=B^*+$内衣松度+（0~12）cm（贴体风格），$B=B^*+$内衣松度+（12~18）cm（较贴体风格），$B=B^*+$内衣松度+（18~25）cm（较宽松风格），$B=B^*+$内衣松度+（>25）cm（宽松风格）。

⑤腰围（W）：$W=B-$（0~6）cm（宽腰型），$W=B-$（6~12）cm(稍收腰)，$W=B-$（12~18）cm（收腰），$W=B-$（>18）cm（极收腰）。

⑥臀围（H）：$H=B-$（2~4）cm（T型），$H=B+$（0~2）cm（H型），$H=B+$（≥3）cm（A型）。

⑦领围（N）：$N=0.25$（B^*+内衣松度）+（15~20）cm。

⑧肩宽（S）：$S=0.3B+$（11~12）cm（贴体风格），$S=0.3B+$（12~13）cm（较贴体风格），$S=0.3B+$（13~14）cm（较宽松风格），$S=0.3B+$（14~15）cm（宽松风格）。

⑨袖口（CW）：$CW=0.1$（B^*+内衣松度）+（0~2）cm（衬衫类紧袖口），$CW=0.1$（B^*+内衣松度）+（5~6）cm（西装类），$CW=0.1$（B^*+内衣松度）+（≥7）cm（风衣、大衣类）。

⑩肩斜度：男人体肩斜度平均值为22°，不加垫肩的原型肩斜度为20°（前18°、后22°）。西装类前、后肩斜度总共为40°，其中前肩斜为18°，后肩斜为22°；衬衫类前、后肩斜度总共为38°，其中前肩斜为21°，后肩斜为17°；夹克类肩斜度总共为36°，其中

前肩斜为19°~20°，后肩斜为17°~16°。

（2）男裤装规格设计：

①裤长（TL）：TL=0.3h−a（a常数，依款式而定）（短裤），TL=0.3h+a或0.6h−b（中裤）（a、b视款式而定），TL=0.6h+（0~2）cm（长裤）。

②上裆长（CD）：BR=0.1TL+0.1H+（8~10）cm或0.25H+（3~5）cm（含腰头宽3.5cm）。

③腰围（W）：$W=W^*$+（0~2）cm。

④臀围（H）：$H=H^*$+（0~6）cm（贴体风格），$H=H^*$+（6~12）cm（较贴体风格），$H=H^*$+（12~18）cm（较宽松风格），$H=H^*$+（＞18）cm（宽松风格）。

⑤脚口（SB）：SB=0.2H±b（b为常数，视款式而定）。

4. 控制部位参数比例推算法　根据号型系列控制部位数值进行推算确定服装规格是一种比较简便的规格设计方法，国家标准号型系列表中各体型均有10个控制部位的数值，分别是身高、颈椎点高、坐姿颈椎点高、全臂长、腰围高、胸围、颈围、总肩宽、腰围、臀围等。根据这10个控制部位数据推算出背长、股上长的数据，再根据款式造型要求加上一定的松量，确定服装规格。

（1）头高＝身高−颈椎点高，是设计风衣帽子高度的依据。

（2）西装衣长（后衣长）=1/2颈椎点高，可根据需要酌情增减。

（3）大衣衣长（后衣长）=3/4颈椎点高，可根据需要酌情增减。

（4）礼服衣长（后衣长）=3/4颈椎点高+（5~6）cm，可根据需要酌情增减。

（5）背长＝颈椎点高−腰围高（腰围线至地面）。

（6）马甲后中长＝背长+（8~10）cm。

（7）裤长＝腰围高+腰头宽−（2~3）cm（距地面的距离）。

（8）股上长＝坐姿颈椎点高−背长，正常腰围线的上裆长＝股上长+（0.5~2）cm（裆底松量）。

（9）袖长（长袖）＝全臂长+垫肩厚+（3~4）cm（西服袖长）。

（10）胸围、腰围、臀围的放松量可参考服装风格进行加放。

另外，也可采用样衣测量法，即根据样衣各部位的尺寸进行详细测量，作为制板的规格尺寸，适用于贴牌加工服装。

中间体规格的设定，可根据接单要求并结合国家号型标准，设定中间体规格尺寸。

第三节 制图符号、部位代号与制板工具

一、制图符号

为了使服装样板绘制科学规范，有助于指导生产实践，有必要建立一套科学规范的制图符号体系，如表2-12所示。

表2-12 常用制图符号

序号	符号	名称	说明
1	————————	细实线（辅助线）	制图用辅助线，同时也可表示袋位线
2	————————	粗实线（制成线）	表示样板的轮廓线
3	— — — — —	虚线（影示线）	表示重叠在下面的轮廓线
4	— · — · —	点划线（连折线）	裁片对折不可裁剪的线
5	— ·· — ·· —	双点划线（折边线）	表示折边的线
6	←————→	标注尺寸线	表示两点或两条线之间的距离
7		等分线	表示两点之间平均分成几等份
8	←————→	经向线	表示布料的直丝缕方向
9	———→	毛向	表示有毛向面料的毛绒方向
10		直角	表示两条线相互垂直
11	▲▲ ◇◇ ◎◎	等量号	表示相对应部位长度相等
12		单向褶裥	表示褶裥向一个方向折倒
13		明裥	褶面在上的褶裥
14		阴裥	褶面在下的褶裥
15		归拢	表示某个部位用工艺手法进行归拢
16		拔开	表示某个部位用工艺手法进行拔开

续表

序号	符号	名称	说明
17		省（楔形省、枣核省、剑形省）	表示某个部位为了符合人体需要用工艺方法在背面缝合收去多余的量
18	⌀	拼合	表示相对应的拼接部位
19	⊕	纽扣	表示纽扣位置
20	⊢⊣	扣眼	表示扣眼位置

二、服装制图主要部位代号

在服装板样的结构制图中，为了简便起见，常常采用该部位英文单词的1~3个大写首字母作为代号，如表2-13所示。

表2-13　服装制图主要部位代号

序号	部位	英文	代号	序号	部位	英文	代号
1	领围	Neck Girth	N	16	膝盖线	Knee Line	KL
2	胸围	Bust Girth	B	17	胸高点	Bust Point	BP
3	腰围	Waist Girth	W	18	颈肩点（颈侧点）	Side Neck Point	SNP
4	臀围	Hip Girth	H	19	颈前点	Front Neck Point	FNP
5	大腿根围	Thigh Girth	TG	20	颈后点	Back Neck Point	BNP
6	领围线	Neck Line	NL	21	肩端点	Shoulder Point	SP
7	前领围	Front Neck	FN	22	袖窿	Arm Hole	AH
8	后领围	Back Neck	BN	23	衣长	Length	L
9	上胸围线	Chest Line	CL	24	前衣长	Front Length	FL
10	胸围线	Bust Line	BL	25	后衣长	Back Length	BL
11	下胸围线	Under Bust Line	UBL	26	头围	Head Size	HS
12	腰围线	Waist Line	WL	27	前中心线	Front Center Line	FCL
13	中臀围线	Middle Hip Line	MHL	28	后中心线	Back Center Line	BCL
14	臀围线	Hip Line	HL	29	前腰节长	Front Waist Length	FWL
15	肘线	Elbow Line	EL	30	后腰节长	Back Waist Length	BWL

续表

序号	部位	英文	代号	序号	部位	英文	代号
31	前胸宽	Front Bust Width	FBW	39	袖山	Arm Top	AT
32	后背宽	Back Bust Width	BBW	40	袖肥	Biceps Circumference	BC
33	肩宽	Shoulder	S	41	袖窿深	Arm Hole Line	AHL
34	裤长	Trousers Length	TL	42	袖口	Cuff Width	CW
35	股下长	Inside Length	IL	43	袖长	Sleeve Length	SL
36	前裆	Front Rise	FR	44	肘长	Elbow Length	EL
37	后裆	Back Rise	BR	45	领座	Stand Collar	SC
38	脚口	Slacks Bottom	SB	46	领高	Collar Rib	CR

三、制板工具

服装制板分为手工制板和电脑制板两种形式，但手工制板是基础。

1. 手工制板工具

（1）工作台：指服装制板的专用桌子，通常是制板和裁剪单件布料共用的。桌面要求平整，为无接缝的硬质材料，大小可以根据实际情况，但至少长应为120~150cm，宽为90~120cm，高度应在75~80cm，总之，工作台的设计应当以使用方便为宜。

（2）样板纸：包括辅助性的牛皮纸、服装完成样板用的卡纸以及唛架排料用的绘图纸等三大类。

①普通牛皮纸：克数有100g、120g等，常用的有白色与浅黄色之分，一面光，纸张韧性好，价格便宜，适用于出样用纸，规格为790mm×1085mm、787mm×1092mm等。

②卡纸：克数为250g、300g不同种类，有白色和棕黄色之分，两面光，硬度高，韧性好，不易变形，常用作工业样板，规格有787mm×1092mm（用于手工制板、放码），还有宽度在900~1600mm（滚筒式的，用于切割机出板样）之间的。

③电脑绘图纸：CAD绘图仪专用纸，克数为38~125g不等，一般为白色，两面光，韧性好，宽度在800~2000cm。

（3）绘图笔：服装制板用的笔有普通铅笔、自动铅笔、记号笔和划粉等。

①普通铅笔：主要用于手工制板，常用的型号有2H、H、HB、B、2B等绘图铅笔，HB铅笔表示软硬适中，H铅笔为硬型笔，B表示软型，制板者可根据需要使用。

②自动铅笔：是目前服装制板用的比较广泛的绘图笔，笔芯有0.5mm和0.7mm两种型号，服装1:1制板多用0.7mm的笔芯，绘制1:5结构图多用0.5mm的（图2-2）。

③记号笔：一种可在纸张、木材、金属、塑料、搪陶瓷等一种或多种材料上书写做记号或标志的笔。记号笔分为油性记号笔和水性记号笔。水性记号笔可以在光滑的物体表面或白板上写字，用抹布就能擦掉；油性记号笔写的字则不易擦除（图2-3）。

④划粉：用于裁剪样衣时把纸样复制到布料上进行画线（图2-4）。

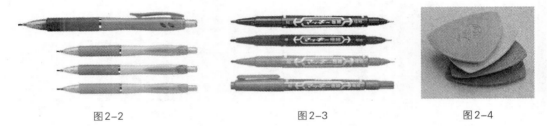

图2-2　　　　　　　　　　图2-3　　　　　　　　　　图2-4

（4）尺子：主要分为量体或量弧长用的皮尺、绘制1:1版型结构用的直尺和绘制比例结构图用的比例尺以及辅助绘图用的直角尺、曲线尺等。

①皮尺：分为普通皮尺和卷尺，长度为150cm（反面为60英寸），用于量体、量长度、量弧长等（图2-5、图2-6）。

图2-5　　　　　　　　　　图2-6

②直尺：有20cm、30cm、50cm的塑料尺（或有机玻璃尺），50cm和60cm的多功能服装制板、放码专用尺以及100cm长的钢尺等。

③直角尺：用于绘图时确定直角用尺（图2-7、图2-8）。

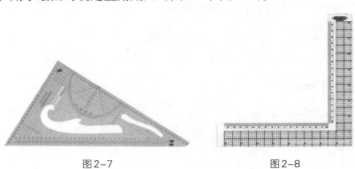

图2-7　　　　　　　　　　图2-8

④弧形尺：主要用于绘制上衣的袖窿、领口、袖山头，裤子的前后裆弯、下裆线等弧线部位。下面列举的都是目前制板者喜欢用的多功能弧形尺，在实际应用中只需选用其中一二种即可（图2-9）。

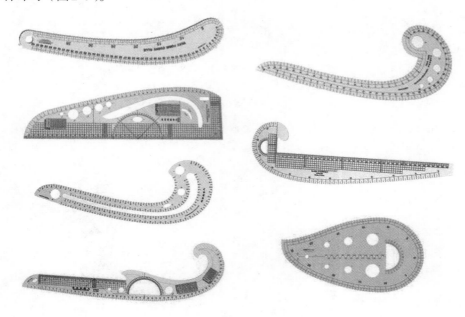

图2-9

⑤比例尺：用于绘制缩放的结构图，常用的有1：3和1：5几种（图2-7）。

（5）剪刀：用于剪纸样和裁剪布料，规格有24cm（9英寸）、28cm（11英寸）、30cm（12英寸）几种（图2-10）。

（6）锥子：主要用于纸样上复制省位或在面料上做标记（图2-11）。

（7）打孔器：用于整理样板时进行打孔（图2-12）。

图2-10　　　　　　　　　　图2-11　　　　　　　　　　图2-12

（8）剪口钳：用于纸样边沿打对位剪口（图2-13）。

（9）描线器：亦称复描器、擂盘，用于复制纸样或把纸样的省线复制到布料上（图2-14）。

（10）透明胶带：用于纸样补正（图2-15）。

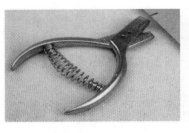

图2-13

图2-14

图2-15

（11）男装人台：用于服装试样，人台有全身的和半身的之分，也有有手臂和无手臂之别。选用时应选用国际标准的人台，有助于提高版型的品质。人台的规格可选用92A或96A（图2-16）。

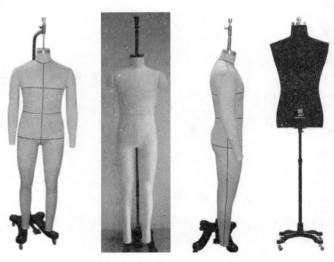

图2-16

2. 电脑制板工具 电脑制板是目前比较流行的制板形式，电脑制板也称为CAD制板。一般大型企业应用的软件有富怡、力克、派特、艾斯特、博格等，中小企业一般采用国内的如爱科、航天、日升、至尊宝纺、丝绸之路、ET等。服装CAD软件现阶段发展都比较成熟，具备设计、制板、放码、排板等功能。服装CAD制板软件学习起来并不难，但需要有丰富的制板经验。电脑制板系统的硬件设备有读图仪、出图仪、样板切割机等。

（1）服装CAD软件：服装CAD是服装电脑辅助设计（Computer Aided Design）的简称，是在电脑应用基础上发展起来的一项高新技术。传统的服装设计都是手工操作，效率低，重复量大，而CAD借助于电脑的高速计算及储存量大等优点，使设计效率大幅度提高，具有关的数据统计和企业的应用调查显示，使用服装CAD可以比手工操作提高效率20倍。

服装CAD分为款式设计和结构设计两种。用电脑来制作款式设计，摒弃了传统设计的手工绘画方式，通过电脑内部大量的模特及部件库，使用CAD软件描绘效果图，可以在没有生产前，就看到这件衣服的大概效果，从而提高效率，节省产品的开发成本（图2-17）。结构设计又称为做纸样或打板，包括出头样、放码和排料。通过电脑出头样，省去了手工绘制的繁复测量和计算，速度快，准确度高（图2-18）。一套复杂的纸样放码，使用电脑放码可以把原本需要将近一天的手工放码缩短到十几分钟。电脑排料自由度大，准确度高，可以非常方便地对纸样进行移动、调换、旋转、反转等，排好后用绘图仪打印出来即可用于裁剪（图2-19）。

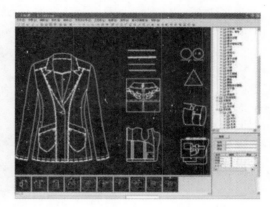

图2-17

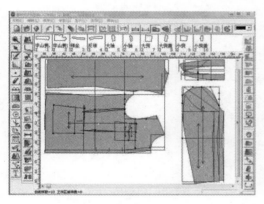

图2-18

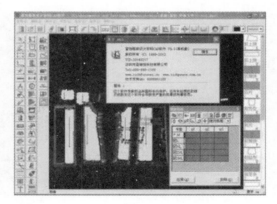

图2-19

（2）服装CAD读图仪：也称为数字化仪，是一种电脑输入设备，它能将各种图形，根据坐标值准确地输入电脑，并能通过屏幕显示出来。用于将手工绘制的（已经试样成功的）板样通过扫描输入电脑，转换成样板图形，并可适当进行修改，使样板结构更为科学。在此基础上可以进一步完成样板的放缝、放码及批量裁剪的唛架图（图2-20）。

（3）样板切割机：用于将电脑中绘制好的样板图切割成所需要的不同板样，有平板切割机和立式切割机两种（图2-21）。

（4）出图仪：用于绘制批量裁剪的唛架图（图2-22）。

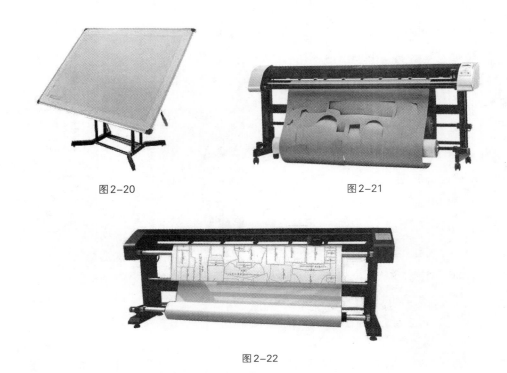

图2-20　　　　　　　　　　　　　　图2-21

图2-22

第四节　男上装原型结构设计原理

一、男上装衣身原型

为了较好地学习和研究男装结构，根据大量人体数据，采用净胸围B^*的回归关系确定各围度和宽度，采用号高h确定袖窿深、背长尺寸确定长度，并结合合体类风格服装结构特点，建立男上装衣身原型（图2-23）。

二、男上装衣身原型构成方式

男上装衣身原型是通过立体与平面相结合的方式构成的，是采用坯布在标准人体模型上垂直包裹进行的，在操作时确保了以下的对应关系（图2-24）：

（1）确保了前、后中心线与人体中心线影示吻合。

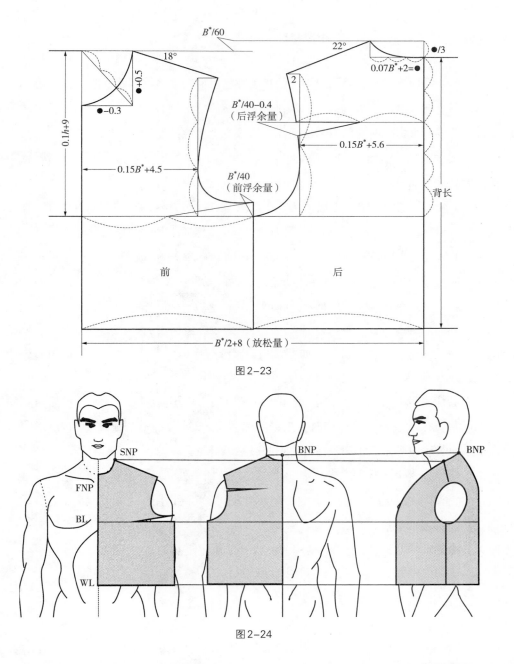

图2-23

图2-24

（2）确保了胸围线（BL）和腰围线（WL）水平，并和人体上的胸围线与腰围线影示重合。

（3）确保了前领口深与人体的前颈窝点吻合，后领口深与人体的后颈点吻合。

（4）前浮余量设置在胸围线上的侧缝袖窿处，后浮余量设置在肩背袖窿处。

三、男上装衣身原型结构参数

男上装衣身原型是结合号、净胸围的相关数值及回归关系进行设计的。

（1）男上装衣身原型根据1/10的号高加上9cm确定胸围线的位置，根据背长尺寸确定腰围线的位置，根据净胸围的1/60确定前、后衣身上平线的差数。

（2）胸围的加放量为16cm，这是合体类服装的加放量，在运用时可以根据服装实际规格的大小进行缩放。

（3）后领口宽按0.07的净胸围（B^*）+2cm、领口深为领口宽的1/3，前领口宽等于后领口宽减去0.3cm，领口深等于后领口宽加上0.5cm，这样绘制的领口为基础领口。

（4）后背宽为0.15的净胸围（B^*）+5.6cm，前胸宽为0.15的净胸围（B^*）+4.5cm，前、后差为1.1cm。运用时，根据服装合体度的不同可适当进行调节，如贴体型服装前、后宽的差数要大一些，宽松型服装的前、后宽的差数要适当减小。

（5）前肩斜为18°、后肩斜为22°，此肩斜为净体肩斜角度，在制板运用时应根据服装款式风格及造型要求进行设计，如宽松型的服装前肩斜可设计为17°，后肩斜可设计为21°，有垫肩的服装在设计肩斜时还要考虑垫肩的厚度。

（6）后肩宽等于后背宽+2cm，前小肩的长度等于后小肩的长度。原型中后肩宽的尺寸比实际肩宽尺寸要小，在运用时要根据实际肩宽 S/2 或 S/2+后肩缝缩量的2/3确定后肩宽，前小肩长度应等于后小肩长或后小肩长减去缩缝量。

（7）前浮余量为净胸围（B^*）/40，设置在侧缝袖窿处，后浮余量为净胸围（B^*）/40–0.4cm。这说明净胸围越大，前、后的浮余量越大，在实际运用时，根据服装款式要求进行处理。如肩部增加垫肩，前、后的浮余量就要减小，减小值为垫肩厚的0.7cm；对于宽松型服装，净胸围的加放量超过20cm,则前、后的浮余量便不再增加。

四、男上装原型变化结构

1. 梯型原型结构 前衣身将胸围线BL以上部分的浮余量全部归至胸围线以下，在腰围线WL处下放。后衣身浮余量采用两种消除方式：

一是后浮余量大部分在分割线中消除，少部分浮余量作为袖窿松量，如衬衫类或有横向分割的夹克（图2–25）。

二是后浮余量大部分归至后肩缝处，以缩缝量的形式处理，少部分浮余量作为袖窿松

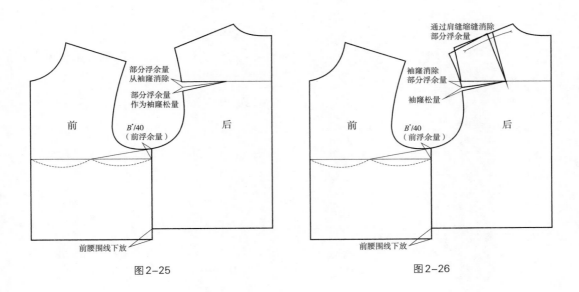

图 2-25   图 2-26

量，如无背缝的中山装结构（图2-26）。

2. **箱型原型结构**　前、后衣身的腰围线平齐，前衣身将胸围线BL以上的浮余量全部归至前领窝部位，以撇胸量的形式消除；后衣身将背宽以上的浮余量大部分归至后肩、后领窝部位消除，少部分浮余量作为袖窿松量。前衣身浮余量消除的方式有两种：

一是将胸围线BL以上的浮余量全部归至前领窝处，以撇胸量的形式消除，在制作时除去人体自然撇门量（1cm）以外的浮余量用工艺的方式（拉牵条或熨烫归拢）进行消除（图2-27）。

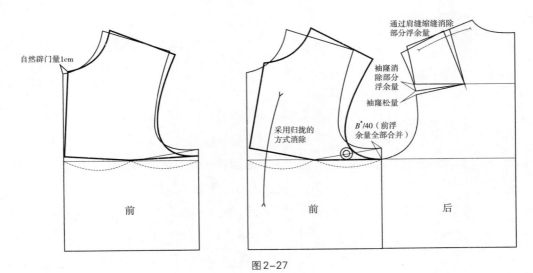

图 2-27

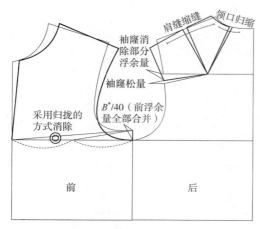

图2-28

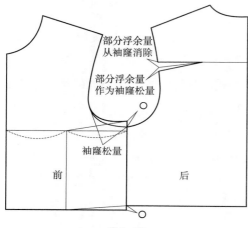

图2-29

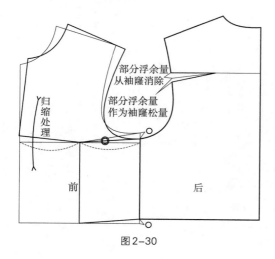

图2-30

二是前衣身将胸围线BL以上的浮余量采用全部折叠的形式进行消除，这样由于没有增加胸围线以上至前领口的长度，因此不做归缩处理（图2-28）。

3. 梯型—箱型原型结构　前、后衣身的胸围线BL和腰围线WL不对齐，根据服装款式类别不同有两种处理形式：

一是前衣身胸围线BL以上的浮余量部分作为袖窿松量，部分采用腰围线下放进行处理，适合前门襟止口为直线型的服装，如男衬衫类等（图2-29）。

二是前衣身胸围线BL以上的浮余量部分归至前领口部位、部分下放到腰围线WL以下进行处理。后衣身背部浮余量可采用前面几种形式消除，西装类多采用此方式（图2-30）。

第五节　男装版型设计流程

一、男装版型设计一般流程

衣身原型是在充分考虑了人体活动需要及结构的科学性而建立起来的，只能作为男装版型设计的基础，男装版型设计要根据款式风格的要求进行。下面简要介绍以下男装版型设计的一般流程。

（1）根据款式风格要求制定规格。

（2）确定男装原型结构形式：即确定梯型原型结构、箱型原型结构还是梯型—

箱型原型结构，以便采用最佳形式消除前、后衣身浮余量，同时要考虑是否有垫肩设计。

（3）确定衣长：在设计中要考虑是确定前衣长还是后衣长，一般来说，衣身下摆呈水平状，确定前、后衣长均可；衣身前长后短，先确定后衣长为佳。

（4）确定前、后胸围增减量：这里首先要明确男装上身原型的胸围已经包含了16cm的放松量，如果成品胸围 B−净胸围 B^* 大于16cm，就要进行增加；如果成品胸围 B−净胸围 B^* 小于16cm，就要适当减小。

（5）确定袖窿开深量：男装原型的前袖窿深是按0.1h（身高）+9cm计算的，如果前身袖窿直接开深，浮余量作为袖窿的松量，这样实际的袖窿深就可以按0.1h（身高）+9cm计算；如果采用梯型平衡，前身腰围线下放的方式，这样前袖窿深就只有0.1h（身高）+9cm−B^*/40来进行计算。根据款式风格要求，袖窿深还应适当开深或开浅。如宽松风格的服装，胸围的加放量比较大，袖窿就要适当开深；贴体风格的服装，胸围的加放量比较小，袖窿就不能开深，甚至可以适当开浅。

（6）确定腰围线：原型的腰围线是按净体比例确定的，由于内穿衣服厚度的影响，腰围线要根据要求适当降低。

（7）确定搭门。

（8）确定领口。

（9）确定肩斜度。

（10）确定肩宽。

（11）确定前背、后胸宽。

（12）确定袖窿形状。

（13）根据胸腰差确定腰围大。

（14）根据胸臀差确定下摆。

（15）确定前、后衣片的省线、袋位等。

（16）袖子设计。

（17）领子设计。

（18）附件设计。

（19）面板设计。

（20）里板设计。

二、男装版型设计实例

下面以中式外套版型设计为例，介绍服装版型设计流程。

1. 分析款式特点 本款服装为中式外套，立领、两片袖（袖口开衩，装有三粒样扣）、单排五粒扣、前衣片两侧各设一个明贴袋、四开身结构有背缝，直身式（略收腰）、平下摆，款式风格为较宽松式（图2-31）。

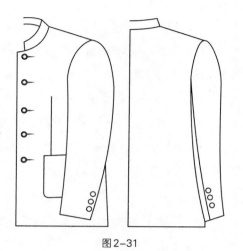

图2-31

2. 制定规格（以170/88A为中码）

衣长 L=0.4h+6cm=0.4×170cm+6cm=74cm

胸围 B=B^*+22cm=88cm+22cm=110cm

肩宽 S=0.3B+13cm=0.3×110cm+13cm=46cm

（也可以按净肩宽43.6cm+2.4cm=46cm进行设计）

领围 N=0.25（B^*+内衣松度）+（15~20）cm

=0.25×（88+3）cm+18.25cm=41cm（调节为整数）

（或按净领围36.8cm+4.2cm=41cm设计）

袖长 SL=0.3h+（8~9）cm+垫肩厚=0.3×170cm+8cm+1cm=60cm

［或按全臂长55.5cm+3.5cm+1cm（垫肩厚）=60cm］

腰围 W=B-（0~6）cm=110cm-6cm=104cm

臀围 H=B+（0~2）cm=110cm+2cm=112cm

袖口大 CW=0.1（B^*+内衣松度）+（5~6）cm=0.1×（88+3）cm+5cm=14cm

3. 建立规格表（表2-14）

表2-14 中式外套规格表（170/88A） 单位：cm

部位	衣长（L）	胸围（B）	肩宽（S）	领围（N）	袖长（SL）	袖口（CW）
规格	74	110	46	41	60	14

4. 确定原型结构形式 本款服装采用梯型—箱型原型结构形式较好，前衣身胸围线以上的浮余量部分通过撇胸进行消除，部分作为腰围线下放量进行消除；后衣身背宽线以

上的浮余量大部分采用肩部缩缝进行消除，少部分放在袖窿作为松量。另外，由于设有垫肩，原型中的浮余量要适当减小。

（1）由于垫肩厚度为1cm，因此前、后浮余量都要减少0.7cm，剩余的浮余量作为变化处理（图2-32）。

（2）前浮余量（剩余的）通过撇胸（自然撇门量为1cm）进行消除，剩余的部分以前腰围线下放进行消除；后浮余量（剩余的）在肩部转移0.7cm通过缩缝消除，余下的作为袖窿松量。

5. 确定胸围　本款中式外套属于较宽松式服装，考虑了内穿衣服的厚度及服装风格，加放量为22cm，等于比原型的16cm多了6cm，这就需要在前、后片的侧缝处加放3cm（1/2制图）。又考虑到本款服装有背缝，会在后中胸围线处偏进1cm，因此前、后片侧缝需要增加4cm（图2-33）。

6. 加搭门　本款为单排扣，搭门的宽度取2.5cm（单搭门的宽度约为纽扣的直径，双搭门的宽度为6~10cm，根据设计而定）。

7. 确定衣长　衣长的确定有定前衣长或定后衣长两种形式，本款服装是确定前衣长的，后衣长的衣长线要比前衣长短，前浮余量在腰围线下放，以保持结构的平衡（图2-34）。

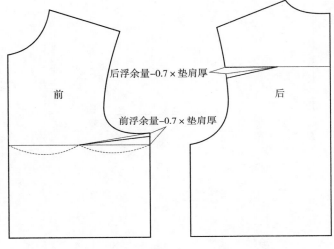

图2-32

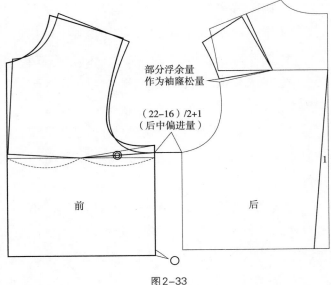

图2-33

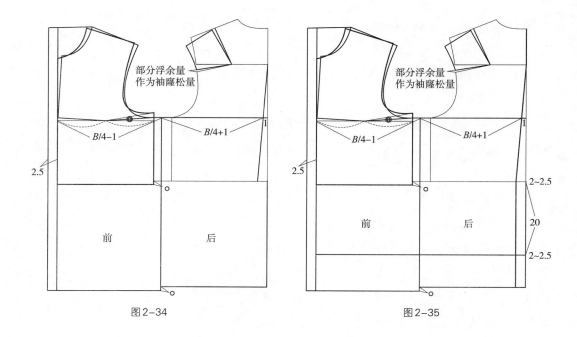

图2-34　　　　　　　　　　　　　　图2-35

8. **确定前、后胸围宽**　前、后胸围宽可以按 $B/4$ 来定，也可以前胸围宽按 $B/4-1cm$（前后差）、后胸围宽按 $B/4+1cm$（前后差），具体根据设计来定，一般合体型、较合体型服装应当考虑前后差，较宽松型、宽松型服装可以不考虑（图2-34）。

9. **确定臀围线HL**　臀围线HL是从后腰围线WL向下平行量取20cm（图2-35）。

10. **确定后背缝线**　后背缝线是从后领口深点至后胸围线的上2/5起点，在后胸围线处偏进1cm，在臀围线处偏进2.5cm，并延伸至后下摆（图2-35）。

11. **确定前、后腰围大**　本款为直身式，胸腰差为6cm，1/2制图只需收掉3cm，由于后腰中偏进了2cm，因此只需在前腰处收2cm的省道即可（如果不设计省道，则可在前、后侧缝各收1cm）。

12. **确定臀围大**　本款的臀围尺寸为112cm，比胸围的尺寸大2cm，由于后片胸围线处偏进了1cm，臀围线处收进2cm，这样校验下来需要在臀围线处放出2cm，即前、后臀围各放出1cm（图2-36）。

13. **画顺前、后下摆**　画前、后下摆时，要确保前、后侧缝对应相等。

14. **领口设计**　原型中的领口为基础领口，服装款式中的领口形状要在基础领口上进行设计。本款因有内穿衣服的厚度，因此后领口宽开大0.3cm，抬高0.3~0.5cm。前领口宽开大0.3cm与后领口宽同步，领口深开深0.5cm（由领型来定）（图2-37）。

15. **肩部设计** 原型中的肩宽比实际肩宽要小得多，因此应根据实际肩宽进行追加或直接量取，又因为有垫肩设计，故肩点要抬高0.7cm（肩部抬高量=0.7×垫肩厚度1cm）。确定后肩宽时应按$S/2+2/3$的肩部缩缝量计算，前小肩的长度等于后小肩的长度减去肩部缩缝量（图2-37）。

16. **确定前胸宽、后背宽** 一般来说，为了确保袖窿的稳定性，前、后宽的加放量等于肩宽的水平增量。在实际运用时，还要根据服装的风格特点进行适当调整，如本款为较宽松式风格，前冲肩为3.5~3.8cm、后冲肩为1.5~2cm为宜（图2-37）。

17. **确定袖窿深，画顺袖窿形状** 由于男装原型是按加放16cm合体类服装结构设计的，因而，贴体类服装的围度设计略小，袖窿可适当开浅（即袖窿深线上移）；相反，较宽松、宽松类服装的围度加放略大，袖窿设计也要相对宽松，因而，袖窿深可适当开深（即袖窿深线下移）。一般来说，袖窿开深量约为侧缝放量的1/2。本款服装的袖窿深线可开深1~2cm（图2-37）。

18. **绘制搭门** 由于前领口处

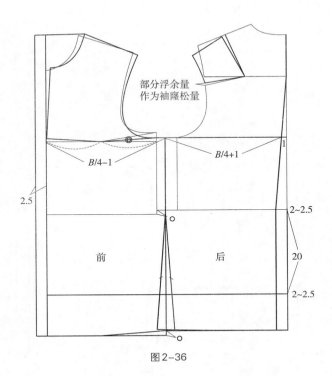

图2-36

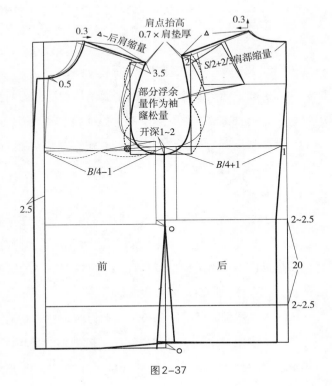

图2-37

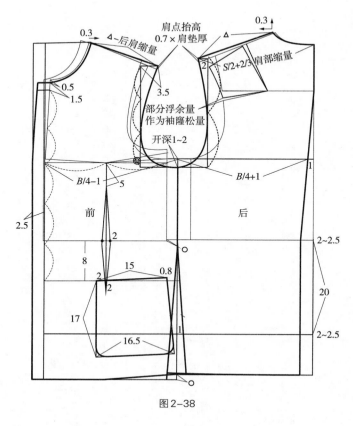

图 2-38

做了撇胸处理，因此搭门也应当向里面偏进撇门量，并画顺搭门（图 2-37）。

19. 确定纽扣、扣眼位置　第一粒纽扣位高应在前领口深下 1.5cm 处，末粒纽扣的高度位于腰节线下 8~9cm 处，其余三粒纽扣距平分（图 2-38）。

20. 贴袋设计　贴袋前端与末粒纽扣位高度平齐，后端起翘 0.8cm，袋口大 15cm、袋深 17cm、袋底大 16.5cm（图 2-38）。

21. 胸省设计　胸省为枣核省，上端省尖距胸围线 4~5cm，省中大 2cm，下端省尖为腰节线下 10cm，或在袋口下 2cm 处（图 2-38）。

22. 袖子结构设计　袖子的平面结构设计分为两种形式，一种属于比例分配制图法绘制袖子，这种方式简便，效率高，但准确性较差；另一种属于袖窿配袖，是根据实际袖窿的形状、长度在袖窿上绘制，这种方式直观、准确性较高，是目前采用较多的一种配袖方式（图 2-39、图 2-40）。

绘制方法：

（1）复制袖窿形状，要求把相关的辅助线也进行复制。

（2）确定前袖窿切点，一片袖的切点就是前胸围大点；对于两片袖来说，可以根据前、后袖窿的中点前移 1cm 左右，这要根据袖窿的风格来定的，宽松袖窿不需要前移，合体类、较合体类袖窿都要适当前移。

（3）量取前、后袖窿弧长，分别为前 AH 和后 AH。

（4）确定袖山高，首先根据前、后袖窿的平均深 AHL，袖山高按 0.8AHL 确定，袖子越宽松袖山越低，袖子越贴体袖山越高，如表 2-15 所示。

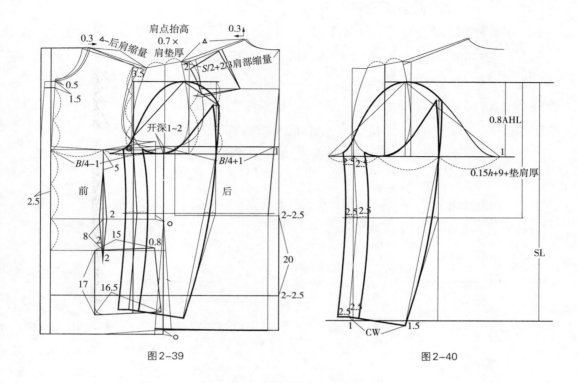

图2-39　　　　　　　　　　　图2-40

表2-15　不同袖山风格的取值范围

袖山风格	宽松型	较宽松型	较贴体型	贴体型	极贴体型
袖山高取值范围	≤0.6AHL	0.6~0.7AHL	0.7~0.8AHL	0.8~0.83AHL	0.83~0.87AHL

（5）确定袖山中点、绘制袖山头，前AH+吃势−1.1cm、后AH+吃势−0.8cm。袖山吃势的设计是版型设计的重要内容，袖山的风格与面料的厚度都会影响袖山的吃势。一般来说，薄型衣料、宽松风格的袖山吃势为0~1.5cm；较厚衣料、较贴体风格的袖山吃势为2~3cm；较厚衣料、贴体风格的袖山吃势为3.5~4.5cm。也可以根据表2-16所示进行计算。袖山头的绘制如图2-39所示，袖子完成图如图2-40所示。

表2-16　不同袖山风格袖山缩量计算表

衣料种类	衣料厚度（cm）	袖山风格	计算公式
薄型衣料（丝绸类）	0~1	宽松风格1	袖山吃势=（衣料厚度+袖山风格）×AH%
较薄型衣料（薄型毛料、化纤类）	1.1~2	较宽松风格2	
较厚型衣料（精纺毛料类）	2.1~3	较贴体风格3	
厚型衣料（法兰绒类）	3.1~4	贴体风格4	
特厚衣料（大衣呢类）	4.1~5		

（6）袖肘线 EL=0.15h+9cm+ 垫肩厚。

23. 领子平面结构设计　领子的平面结构设计分为比例制图和领窝配领两种形式。比例制图简单易学，适合常规领子结构设计，具体绘制方法是根据前、后领窝弧线长度确定领子里口弧线，根据 $N/2$ 确定领子上口弧线，前领翘度一般为1~2cm（图2-41）。领窝配领虽则麻烦，但比较直观且准确性高，具体配领方法是首先确定领子前端造型，其次是确定领子里口弧线的形状和长度，最后根据 $N/2$ 的长度调整领子的外口弧线并完成领子的绘制（图2-42）。

24. 复制版型净样　按结构图的轮廓线把前衣片、后衣片、大袖、小袖、领子、口袋等进行复制，再复制一些必要的辅助线，如省位、袋位、扣位、腰围线等，以确保版型的质量。

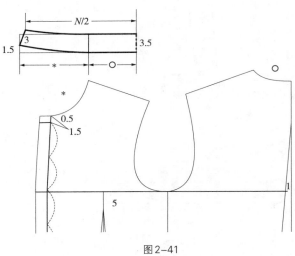

图2-41

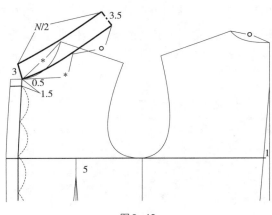

图2-42

25. 加放缝份，设计面子板样　根据不同的缝型在净样上加放缝份称为裁剪样板。一般来说，前后衣片的领口、袖窿加放0.8~1cm的缝份，肩缝、侧缝加放1~1.2cm的缝份，底边加放3~4cm的缝份，后背缝加放1.5~2cm的缝份；大袖的袖山头加放0.8~1cm的缝份，内、外侧缝加放1~1.2cm的缝份，袖口加放3~4 cm的缝份；小袖弯加放0.8~1cm的缝份，内外侧缝、袖口同大袖缝份。

面子板样还要设计上对位剪口和标注。

剪口的深度一般为0.5~0.7cm，剪口位置有前衣片的绱领点、绱袖点及前、后衣片的腰围线处、袖子的内外侧缝、袖山头等。

标注是板样制作和归档的重要内容之一，标注的内容有：直丝缕（用双箭头表示，如果有毛向或有图案不能颠倒的，用单箭头）、款式名称或代号、号型规格、板样的部位名称、数量。如本款标注 Z–170/88A 前衣片面 ×2，Z 表示中式外套，170/88A 为号型，前衣片面 2 片等（图 2-43）。

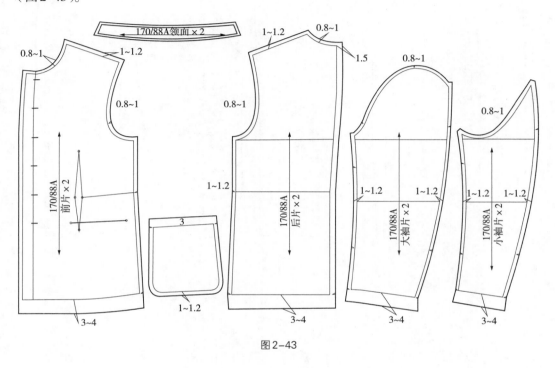

图2-43

26. **设计里子板样** 里子板样是在面子板样的基础上进行设计的，在围度上要适当加放 0.3~0.5cm，在长度上要适当减短，在折边处一般比面子短 1.5~2cm，或者比净样长出 2cm。当然，还要结合工艺要求进行考虑。里子板样也要进行标注和做对位标记（图 2-44）。

27. **设计衬板** 衬作为服装重要的辅料，可以使服装挺括，同时提高工艺的质量。衬的设计要根据款式要求，相应的部位都要粘衬。因此要合理设计衬板也是服装版型设计的重要内容之一。衬一般有前身衬、挂面衬、后衣片的领窝衬、袖窿衬、袖山衬、折边衬等。在设计时，应按毛样板进行设计，考虑到粘衬时衬上的胶质融化、压薄变大，因此衬样板设计周边要略小 0.3cm 左右（图 2-45）。

28. **设计工艺样板** 为了提高服装的制作质量，确保服装版型的稳定性，服装制作都需要借助一些工艺样板。工艺样板的设计以净样板为基础，至于设计多少要根据实际要求制作。如本款服装只需设计净领板、口袋净板，也可以设计省道定位板、扣子定位板等。

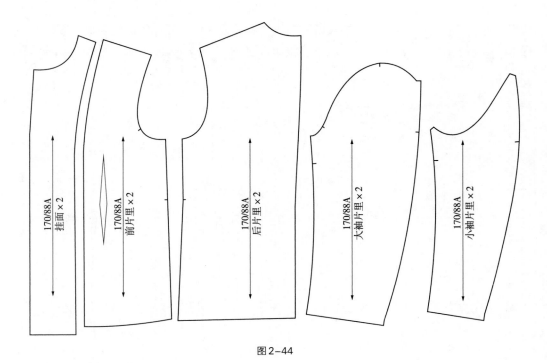

图2-44

图2-45

思考与练习

1. 理解男子体型特征及各部位参数。

2. 简述男子的体型分类及不同体型的特征。

3. 选择一款经典男装，根据所学号型标准知识，制定各部位的规格尺寸。

4. 根据170/88A中间体相关参数，绘制男装原型结构。

5. 深入理解男装原型前、后浮余量的处理方法，思考哪些因素会影响前、后浮余量的变化。

6. 根据所学实例，简述男装版型设计的步骤。

第三章

男衬衫款式与版型设计

第一节　男衬衫历史演变

衬衫是指贴身穿在里面的单衣，也指一种穿在西装里面的上衣，亦可单独外穿。衬衫是男士衣柜中必不可少的服装之一，无论是日常着装、商务旅行，还是休闲度假，衬衫都扮演着重要的角色。衬衫作为表面穿着、拥有多种穿法之前，常常只被作为配角。衬衫的英文Shirt意思里也带有内衣Under Shirt的意味。一直到欧洲文艺复兴初期，衬衫还被当作内衣看待，当时如果一个有身份的男人把衬衫穿露在外面，那简直难以想象。但是，对于文艺复兴时期热衷于在肩部、胸部和胳膊下面饰以花边的人来说，要想掩盖住里面穿的白色亚麻衬衫实在太难了。到了1530年，人们开始接受在颈部和腕部显露衬衫，同时，将衣服用窄带子束紧，并认为这样穿戴很时髦。19世纪后期，让衬衫完全显露出来的穿法得到了人们的认可，这个时候衬衫的领口很高而且需要浆洗。但是到1917年，人们发现穿着者在穿着衬衫时，衣领压着颈部，之后才将衣领翻下，用其包住领带，就像现在看到的那样。

衬衫的角色，从贴身内衣到中衣的演化，要追溯到男性服装中出现上衣和马甲的1600年代后期。产生了衬衫穿在马甲里侧、外套中间的穿法，这在现代套装中很常见。也可以说，衬衫的领子和袖口从西装上衣露出的风格，是这个时候确立的。

进入1700年代以后，腰身和袖子肥大而舒适的衬衫开始出现了。可以见到衬衫前面的开衩部分和胸部的花边装饰、荷叶边装饰。袖口上也同样是荷叶边，穿起来手腕被荷叶边的花边盖住，这是当时最地道的贵族穿法。

上衣和马甲固定下来之后，衬衫的存在感变得很薄了。但上流社会赋予其新的意义。保持衬衫清洁，穿雪白的衬衫，被认为是新的身份象征。

"不在衬衫上用香水，拥有很多上等的亚麻衬衫，在有纯净的流水和空气的田园村舍洗涤衣服"成为绅士们的美学宣言。这对沉浸在香水和体臭中的衬衫来说，算是一场大革命。是否拥有各种各样的衬衫，是否舍得在衬衫上花钱，是否保持衬衫的清洁，也成为判断其社会地位的主要依据。

1850年时制作的衬衫（长94cm、宽71cm），小立领的宽度只有2cm，后中心钉纽扣。前身左右排列细密的塔克，中央装饰扣3个，袖口是双层翻折袖，门襟上有很硬的浆。纽扣像大头钉一样适合，也有宝石装饰的样式。

1800年代后期，领子几乎和耳朵一样高，颜色雪白。替换的领子也有出售的了，多为领高10cm，也出现了12cm的高领衬衫。日本著名作家、评论家及英文学者夏目漱石（1867年2月9日—1916年12月9日）在伦敦留学时所说的"替换高领子（High Collar）是穿着西装的男性的时髦装扮"就是这个时代的特点。在日本也和欧洲同样，High Collar衬衫还指袖口从西服上衣袖口露出来1cm左右。

1900年的时候，在美国，黑与白、红与白、淡紫色与白色，大的条纹花型十分流行。胸前有双拼色的高领衬衫受到了极大的欢迎。

1906年从礼服式衬衫和有颜色等的竖领开始，折翻型的领子十分普遍。

1914年翻边脱载式领子的亨利衬衫很流行。

1916年脱卸式的领子开始走俏。

1917年柔领衬衫在市场开始大行其道，那种风格的大部分是领宽较低的款式。

1918年第一次世界大战后，由于当时的经济复苏，丝制衬衫大流行。这股热潮到1921年还在继续。

1928年有色的衬衫开始抬头，常青藤联盟的普林斯顿色彩使衬衫更加多样性。

之后，伴随第二次产业的发展，白领阶层增加，作为绅士、商务人士的标准风格西装样式也确定下来。衬衫在配合西装和领带中以白色为中心逐步推进，材料也由棉开发出化学纤维。防缩、防皱等机能性加工也随之得以发展，价格的降低逐渐使廉价且易于整理的衬衫走入平常百姓家，成为大众化的服饰。这类衬衫的特点是材料更易打理，甚至不需要熨烫。这从另一方面揭开了衬衫品牌化及阶层细分的序幕，使用高级纯棉布料和量身定制的高级法式衬衫逐渐出现，这类衬衫更注重自身的面料及制作的工艺，辅料更加考究，工艺越加复杂，虽然必须予以适当的熨烫保养，但恰好可以满足中上阶层以及那些追求品质且有能力不拘于价格和保养支出的人群。这样，衬衫的发展就逐渐形成了大众化、品质化的两极分化。

在我国，衬衣一般叫作衬衫，原来是指衬在礼服内的短袖的单衣，即去掉袖头的衫子。在宋代便有没有袖头（袖克夫）的上衣，有衬在外衣里边短而小的衫，也有穿在外面较长的衫。如《水浒传·林教头风雪山神庙》中，林冲"把身上的雪都抖了，把上盖（上身的外衣）白布衫脱将下来"便是一例。在古代的时候，妇女们穿着的短上衣称"衫子"，又称"半衣"。唐代元稹在《杂忆》中便有"忆得双文衫子薄"的诗句。清末民初之际，由于欧风东渐，人们开始穿着西装，把衬衣穿在西服的里边，作为衬衫，上系领带中间开口，一般都是五个纽扣。

第二节　男衬衫款式分类及设计特点

　　男衬衫因款式与功能用途等的不同，分为普通衬衫（标准衬衫）、礼服衬衫和休闲衬衫三类。

一、普通衬衫

　　普通衬衫也称为标准衬衫，根据季节不同，可分为长袖衬衫和短袖衬衫两种款式。长袖衬衫为西装内穿着，短袖衬衫为夏季外穿（图3-1、图3-2）。

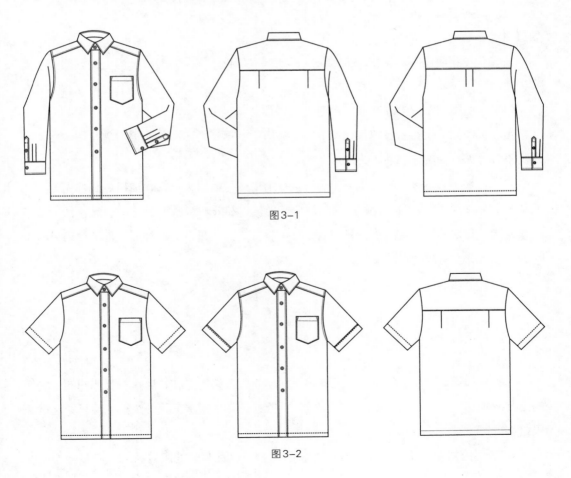

图3-1

图3-2

西装内穿用的正装衬衫是最基本的衬衫造型，设计上较为简练，没有什么附加装饰。衣身轮廓为 H 型造型，在围度设计方面，胸围的加放量为 20cm 左右，为较宽松衣身风格。

领子部位因系领带，对其造型及裁剪的质量要求比较高，要求衣领两边对称平挺，领内一般有硬衬。其尺寸应适合人体的颈部，合体舒适。衣领翻折后，领口与人体颈部之间应有一定的活动松量，领口关闭后呈三角形，领围的尺寸一般在净围的基础上加放 2~3cm 松量即可。

领型结构采用领座与翻领断开的设计方式，翻领后宽与领座后宽的差值控制在 0.7~1cm，确保翻领能盖住领座。

领型的外观为企领造型，领尖的长短及领型角度的大小随流行的变化而变化，一般有标准领型、敞角领、长尖领、纽扣领等领型。

肩部的过肩设计是男衬衫的基本特征，造型基本不变，只是宽窄随设计流行因素而变化，过肩的前借肩一般为 3~4cm，平行于前肩结构线，后过肩水平分割，宽度为 6~9cm(后领口深线下量)。

贴袋：左胸前设有一明贴袋，贴袋的形状基本保持不变，一般设计为上端方形、下部有尖角。

门襟：门襟有贴门襟和普通门襟两种。

纽扣：前襟上设有六粒纽扣，第一粒在领座上，第二粒纽扣位与第一粒纽扣位之间的距离不宜过大，一般控制在 7~7.5cm。

袖子：袖子为低袖山一片袖，袖口有 2~3 个褶裥，宝剑头袖衩，袖口装有袖克夫，一般为 6cm 左右，袖克夫贴有硬衬。短袖袖口有内折边和外贴边两种形式。

背褶：背褶的设计也是男衬衫款式设计的特征之一，是专为增加肩背部活动松量而设计的，在形式上有单褶和双褶两种形式。

下摆：下摆设计为平直型下摆。

二、礼服衬衫

礼服衬衫就是和礼服配套内穿的衬衫，在整体版型结构上和普通衬衫是相同的，它们的主要区别在于领型、前胸和袖克夫部位。礼服衬衫在形式上又可分为燕尾服衬衫和晨礼服衬衫。

1. 燕尾服衬衫　指与燕尾服搭配穿着的衬衫，也称为晚礼服衬衫，衣身呈 H 型略收腰，领型为双翼领，这种领型没有后翻领，只是在立领的基础上前中加以双翼燕尾领尖造型。衣身前中U型育克分割，多以褶裥（牙签裥）或波浪纹进行装饰，前襟设有六粒有效纽扣，由贵金属或珍珠制成。袖口通常采用有装饰扣的双层翻折结构，袖克夫的宽度在结构上要比普通衬衫宽1倍，在穿衣时通过对折产生双层袖克夫。袖克夫的系法和普通衬衫也不相同，它是将折叠好的袖克夫合并，圆角对齐，四个扣眼在同一位置，用链式纽扣分别串联（图3-3）。

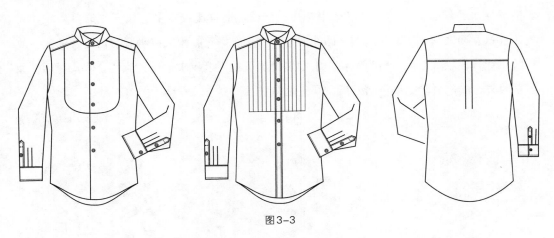

图3-3

　　2. 晨礼服衬衫　也称为日间礼服衬衫，是在普通衬衫的基础上去掉口袋，明贴边变成暗贴边，领型采用普通衬衫领型或双翼领型，袖克夫用双层复合型结构。前胸的育克可有可无，下摆为圆下摆造型（图3-4）。

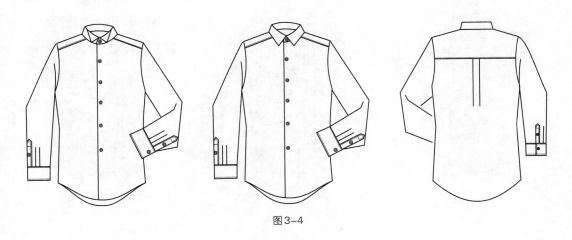

图3-4

三、休闲衬衫

休闲衬衫指在非正式场合穿着的、以轻快的细节设计为特征的外穿化衬衫的总称。传统的款式有飞行员衬衫、菠萝衫、西部牛仔衫、非洲狩猎衬衫、鲜艳的夏威夷阿罗哈衬衫等。由于休闲衬衫在穿着过程中无特定场合，因而比较随意自然，可根据时尚流行趋势及个性化要求进行设计，具有多样性与流行性的特点。在色调、图案选择上比较广泛，如多彩的颜色、花纹、格子等都可以运用。在细节设计上也比较自由，如变化的口袋、袖克夫、肩章、装饰商标、电脑绣花、印花图案与文字布局等，给人以洒脱、活泼、随意、放松的感觉。在款式上大多较为宽松，下摆多为圆下摆。近年来也比较流行合体式衬衫，如腰部收省、胸部分割、配色暗门襟及异色的领子、袖克夫等设计（图3-5）。

图3-5

第三节　男衬衫细节设计

一、领子设计

　　领型是男衬衫最重要的设计部位，不同的领型会呈现出不同的造型效果，常见的领型有以下八种造型（图3-6）。

标准领	短型领	长型领	敞型领
圆领型	底扣领	扣针型	翼领型

图3-6

二、袖子设计

　　男衬衫的袖子有长袖和短袖两种类型，长袖的变化主要在袖克夫上，有单袖克夫、双袖克夫等两类，单袖克夫有方角袖克夫、圆角袖克夫及嵌花边袖克夫等（图3-7）。短袖的变化主要在袖口上，袖口有普通的内折边袖口和外贴边袖口之别。

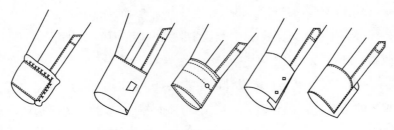

图3-7

另外，衬衫袖子的长度也很有讲究，长袖的袖口应比西装袖长出1~1.5cm，并能遮住手腕骨。

三、口袋设计

口袋的设计也是男衬衫设计的亮点之一，男衬衫口袋的设计要与款式风格一致，标准的男衬衫为左胸前一个方形明贴袋，尖形底口，主要是起装饰作用。礼服衬衫由于前胸有育克分割，一般不设置贴袋。休闲衬衫口袋的设计花样繁多，体现了休闲衬衫活泼、随意的设计特点。贴袋的形式有：方形圆底贴袋、有袋盖贴袋、配色贴袋、嵌线口袋等。一般有前胸左右对称口袋和只在左胸前设计口袋等形式（图3-8）。

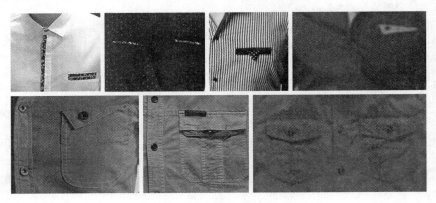

图3-8

四、衣身设计

1. 衣身　男衬衫衣身风格分为较宽松风格、宽松风格和贴体风格。一般标准衬衫既可以内穿也可以外穿，属于较宽松风格，在衣身上表现为直身式、直下摆。休闲衬衫分为两类，一类是户外休闲穿着的衬衫，讲究舒适自由，属于宽松式风格，这类服装以直身式直下摆为多；另一类是青年人穿着的时尚休闲衬衫，讲究时尚、个性，多为贴体风格，这类衬衫多为收腰、设省、圆下摆（图3-9）。

2. 过肩　过肩的设计是男衬衫设计的主要特点，过肩也称为复肩，指要做成两层，在结构上表现为前后肩互借，前肩线前移，后背横向分割。标准衬衫过肩的设计，肩线前移3~4cm，后背分割在后领口深线下6~9cm处水平分割，这种设计基本是程式化设计。但

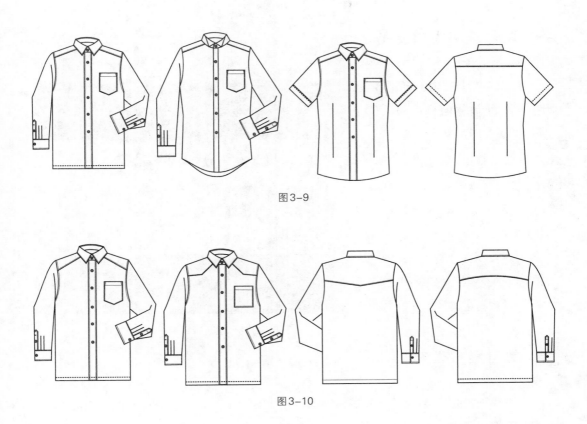

图3-9

图3-10

休闲衬衫为了彰显个性，在设计上更加灵活多样，如前肩分割可以是平行于前肩线的直线型、也可以是斜向或其他形状，后背的分割可以是直线型或曲线型，且后背分割可达到领口深线下12cm（图3-10）。

五、衬衫面料的选择

衬衫面料要求透气性好、吸湿性强、柔软、滑爽、舒适。一般选用棉织物、涤棉织物、麻织物及牛津布等。近年来，水洗布、水洗绸等面料也常用于男衬衫设计中（图3-11）。

牛津布　　　涤棉　　　棉麻

图3-11

六、衬衫色彩与图案的选择

标准的男衬衫颜色一般以白色为主，但时尚休闲衬衫的颜色十分丰富，常用的颜色有黑色、白色、灰色、红色、蓝色、紫色、绿色等，如果与西装搭配穿着的衬衫，以选择比西装浅的色调为宜（图3-12）。

图3-12

图案有粗竖条纹、铅笔条纹、交替竖条纹、塔特萨尔花格、多色方格、佩兹利花纹等（图3-13）。

图3-13

七、男衬衫的搭配

在一些正式的场合，男士们总是身着西装，相配套的衬衫、领带一定要搭配协调，一般有以下搭配方式可以借鉴。

（1）黑色西装：穿以白色为主的浅色衬衫，可配以灰、蓝、绿等与衬衫色彩协调的领带。

（2）灰色西装：穿以白色为主的浅色衬衫，可配以灰、绿、黄或砖色领带。

（3）蓝色西装：穿粉红、乳黄、银灰或明亮的蓝色衬衫，可配以暗蓝、灰、黄色领带。

（4）暗蓝色西装：穿白色和明亮蓝色的衬衫，可配以蓝、胭脂红或橙黄色领带。

（5）褐色西装：穿白、灰、银色或明亮的褐色衬衫，可配以暗褐色、灰色领带。

（6）绿色西装：穿明亮的银灰、蓝色、褐色和银灰色衬衫，可配以黄、褐色或砖色的领带。

在选择时，还要注重领带图案与衬衫、西装搭配的协调，达成锦上添花的效果。

第四节　男衬衫版型设计

男衬衫衣身结构平衡：男衬衫结构为梯形—箱型结构，前身浮余量 $B^*/40=2.2cm$，采用下放量1cm，前片过肩分割处消掉0.7cm，其余0.5cm作为宽松量留在袖窿处。后衣身的浮余量为 $B^*/40-0.4cm=1.8cm$，采用后片过肩分割处消掉1cm，其余0.8cm作为宽松量留在袖窿处（图3-14）。

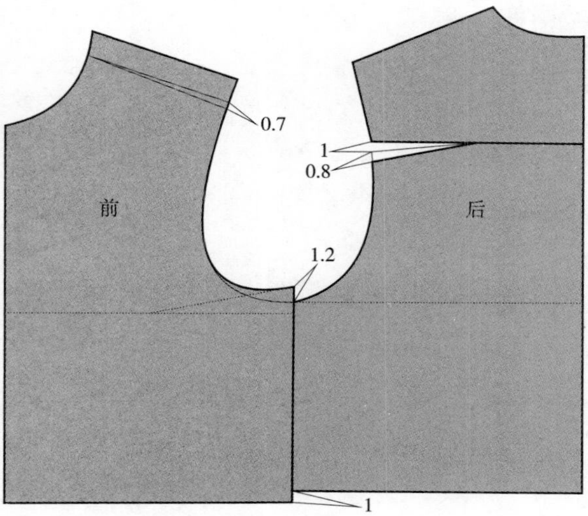

图3-14

一、标准男衬衫

1. 款式特点

男衬衫一般指穿于西装内的单上衣，也可以作为外衣穿着，领子为立翻领结构，主要是为系领带设计的。衣身为四开身结构，左片门襟为明门襟设计、缉单明线，右片里襟内折，外缉单明线；前片左胸部位设一明贴袋；后片横断过肩，过肩为双层设计。背褶设计分为无背褶、有背褶两种形式，其中有背褶分为两侧各一个背褶或中间设一个背褶两种形式。一片式长袖，袖口设宝剑头袖开衩，开衩中部设一粒纽扣，袖克夫设一粒纽扣、缉双明线（图3-15）。

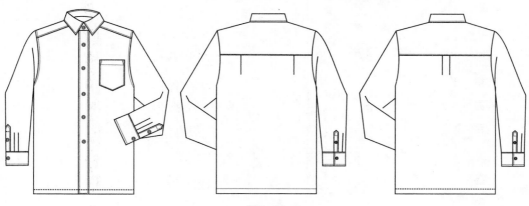

图3-15

2. 规格设计（表3-1）

表3-1　标准男衬衫规格设计（170/88A）　　　　　　　单位：cm

部位	衣长（L）	胸围（B）	肩宽（S）	领围（N）	袖长（SL）	袖口（CW）	袖克夫宽
加放量	$0.4h+4$	B^*+20	$S^*+1.6$	$N^*+2.2$	$0.3h+7$	$0.2B+1.4$	6
规格	72	108	45.2	39	58	23	6

3. 结构设计

（1）衣身结构设计（图3-16）：

①前领宽=$N/5-0.5$cm、前领深=$N/5+0.5$cm，后领宽=$N/5$、后领深同原型。

②前衣长从领宽点向下量出衣长规格，后衣长比前衣长短1cm。

③后肩宽=$S/2$，前小肩宽=后小肩宽。

④背宽=$S/2-2$cm，胸宽=背宽-1cm。

⑤前胸围=$B/4-1$cm，后胸围=$B/4+1$cm。

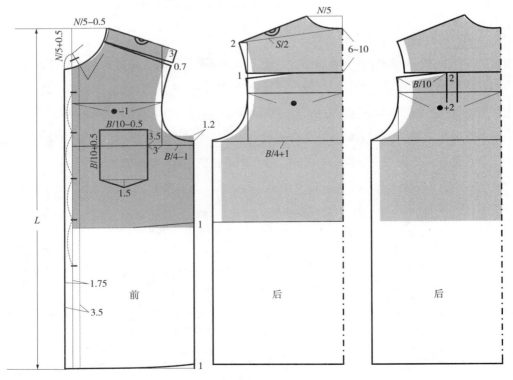

图3-16

⑥搭门宽为1.75cm，外门襟贴边宽为3.5cm。

⑦过肩分割：前片分割平行小肩3~4cm，后背分割距领口深线6~10cm并平行于胸围线。

⑧左胸贴袋：袋口大=$B/10-0.5$cm、袋深=$B/10+0.5$cm、袋底小三角深1.5cm、袋侧距前宽线3cm、袋口高于胸围线3.5cm。

（2）过肩结构设计（图3-17）：过肩是男衬衫设计的显著特点，采用借肩的形式，即前小肩分割3~4cm与后小肩纸样拼合，使肩线前移，后过肩横向分割而形成过肩，同时要做成双层，这样设计的好处在于可以有效地消除前、后生浮余量，增加肩部的耐磨强度。

（3）袖子结构设计（图3-18）：男衬衫袖子为一片长袖，较宽松风格，因此，袖山高设计为$B/10-1.5$cm，这样设计袖肥略大，穿着舒适且活动量大。袖口偏后侧设计2~3个活褶，后袖口设计宝剑头长开衩。男衬衫袖子为平装袖，袖山吃势

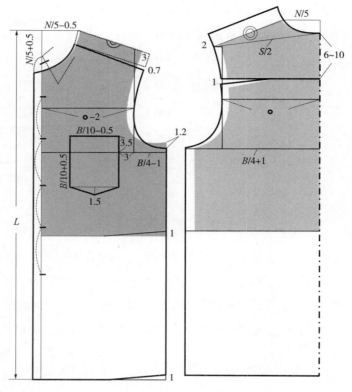

图3-17

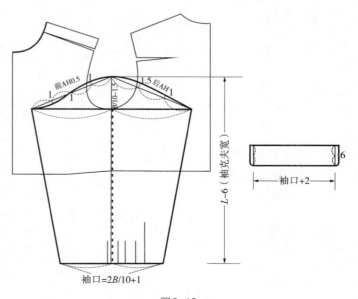

图3-18

较小。前袖山斜线长取前 AH–（0.3~0.5）cm，后袖山斜线取后 AH。

（4）领子结构设计：如图3-19所示。

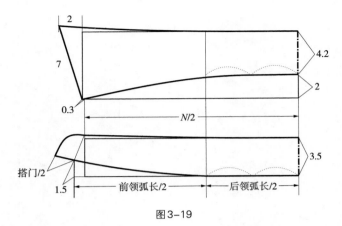

图3-19

二、礼服男衬衫

案例1：燕尾服衬衫

1. 款式特点　礼服衬衫就是与礼服配套穿着的衬衫，男士的礼服分为燕尾服（也称为晚礼服）和塔士多礼服（晨礼服）。燕尾服衬衫和塔士多礼服衬衫的主要区别在于前衣身和袖克夫。燕尾服衬衫的前衣身胸前采用U型分割，属于仿生设计，门襟采用普通门襟。塔士多礼服衬衫的前衣身胸前以褶裥的形式设计胸挡，一般为方形，褶裥数在6~10个之间，门襟为明门襟设计，也可以将U型分割片设计成褶裥形式（图3-20）。

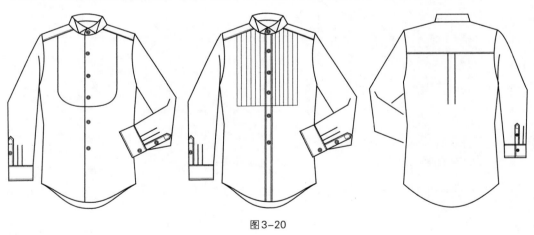

图3-20

2. 规格设计（表3-2）

表3-2　燕尾服衬衫规格设计（170/88A）　　　　　　　　单位：cm

部位	衣长（L）	胸围（B）	肩宽（S）	领围（N）	袖长（SL）	袖口（CW）	袖克夫宽
设计	0.4h+8	B^*+14	S^*+0.4	N^*+2.2	0.3h+7	0.2B+2.6	6
规格	76	102	44	39	58	23	6

3. 结构设计（图3-21）

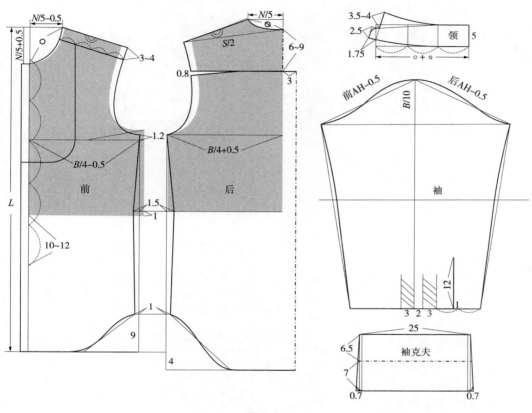

图3-21

4. 结构设计说明

（1）燕尾服衬衫胸前的U型分割宽度一般为小肩的1/4，深度为第三粒纽扣到第四粒纽扣之间。另一种U型分割宽度为小肩的1/3，深度为腰节线上4cm。这两种U型分割都是垂直分割，还有一些变化款式，采用了弧线分割（图3-22）。

（2）前、后衣片下摆为弧线型，且后衣片比前衣片长4cm左右。这种设计有两层意义，一是燕尾服的仿生设计；二是系上腰带，弯腰时避免后下摆露出腰部而补足的量。

（3）前、后侧缝各收腰1.5cm，共收6cm，这种设计也是为了系上腰带腰部的余量较少，看起来比较干练。

（4）背褶6cm设计到后中，形成工字褶。

（5）领子为翼领设计，与之配套是系领结，领子后中的宽度为5cm，没有翻领。

（6）袖克夫设计成双层形式，更显得高档有品质。

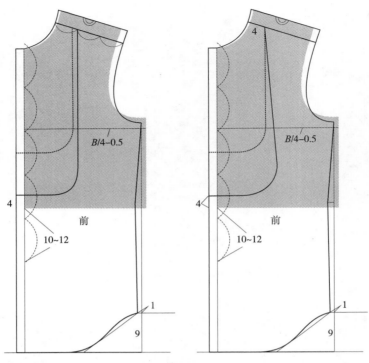

图3-22

案例2：塔士多礼服衬衫

塔士多礼服衬衫，前胸的设计比燕尾服衬衫的设计更为复杂和讲究，如图3-23所示。一般有三种形式，一是U型分割加细褶，是折好褶裥后再缉一道明线，这种细褶称为塔克（图3-24）；二是前衣片不分割，把褶裥折好后直接缉在衣片上，这种褶裥是方形（图3-25）；三是前衣片门襟两侧分别加两到三层荷叶边，显得非常华贵（图3-26）。

图3-23

另外，塔士多礼服衬衫还有一种变化款，那就是在前身垂直设计6~9条褶裥，前、后下摆的圆角稍微减小，后下摆与前下摆的长度差也减小1~2cm（图3-27）。

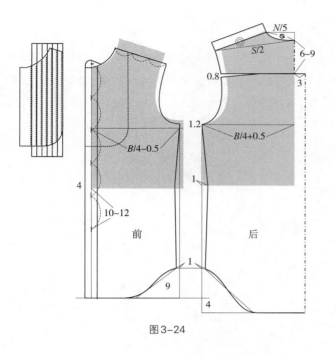

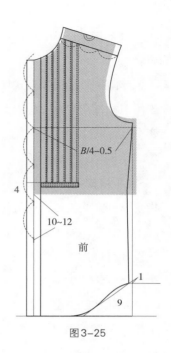

图 3-24

图 3-25

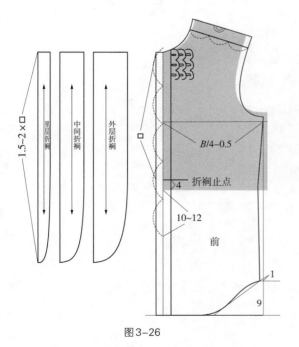

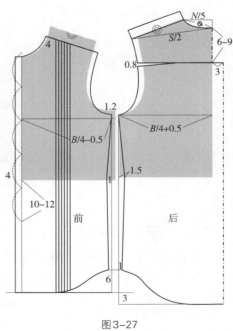

图 3-26

图 3-27

三、休闲衬衫

休闲衬衫指在非正式场合穿着的、以轻快的细节设计为特征的外穿化衬衫的总称。由于休闲衬衫在穿着过程中无特定场合，因而比较随意自然，可根据时尚流行趋势及个性化要求进行设计。

案例1：短袖衬衫

1. 款式特点 短袖衬衫指夏季外穿的衬衫，这类衬衫廓型为H型，袖子为短袖。领子设计可以为立翻领，也可以为单立领。下摆可以为直下摆（侧缝不收腰），也可以为小圆下摆（侧缝略收腰）。左胸设计一个明贴袋。门襟多为外贴边，领座和门襟的外贴边可以为配色布，更具有时尚休闲的意味（图3-28）。

图3-28

2. 规格设计（表3-3）

表3-3　短袖衬衫规格设计（170/88A）　　　　单位：cm

部位	衣长（L）	胸围（B）	肩宽（S）	领围（N）	袖长（SL）
设计	$0.4h+6$	B^*+20	$S^*+2.4$	$N^*+2.2$	
规格	74	108	47	39	20

3. 结构设计（图3-29）

案例2：变化款版型设计

休闲衬衫中还有一款立领衬衫，这款衬衫可以是长袖也可以是短袖，一般前、后下摆为小圆摆（图3-30）。

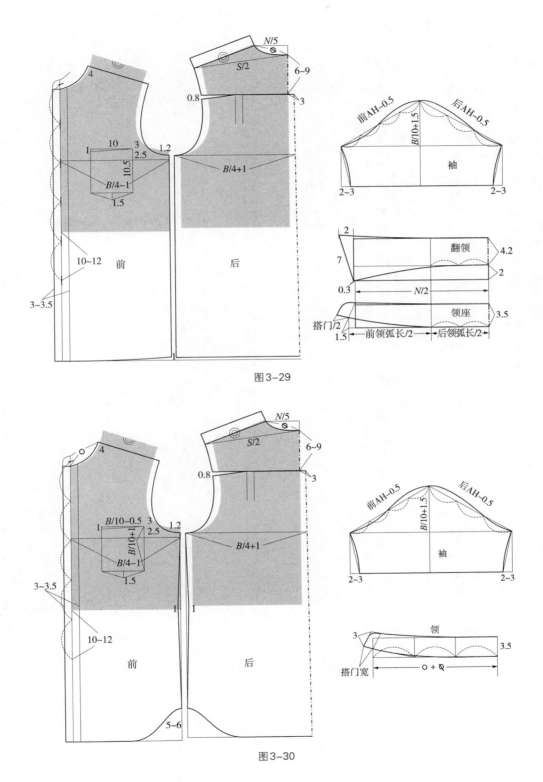

图 3-29

图 3-30

四、狩猎风格衬衫

1. 款式特点　狩猎风格衬衫原自非洲草原狩猎人穿的衬衫，这种衬衫有长袖和短袖之分，其款式的主要特点是前胸两侧设计有带盖的贴袋，肩上设计有肩襻。颜色以军绿、土黄色为主，面料采用厚实的夹克面料，缝线设计为双明粗线，显得厚重、结实，有力量感，体现了猎人那种强悍的性格特点（图3-31）。

图3-31

2. 规格设计（表3-4）

表3-4　短袖衬衫规格设计（170/88A）　　　　单位：cm

部位	衣长（L）	胸围（B）	肩宽（S）	领围（N）	短袖长（SL）	长袖长（SL）	袖口（CW）
设计	$0.4h+6$	B^*+20	$S^*+2.4$	$N^*+2.2$	肘上5	$0.3h+7$	$0.2B+1.4$
规格	74	108	47	39	23	58	23

3. 结构设计（图3-32）

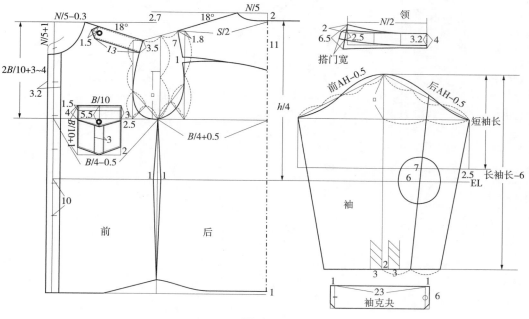

图3-32

五、时尚衬衫

1. 款式特点　时尚衬衫是当代青年人穿着的衬衫品类，这种衬衫不拘泥于标准男衬衫的格式，表现着时代的风尚，在结构上打破了常规，分割、配色、领子、门襟的变化都是设计元素，收腰修身、圆摆的设计更是多见。本款时尚衬衫的前身从肩上竖向分割、加褶，后片横向分割，后腰收省（图3-33）。

图3-33

2. 规格设计（表3-5）

表3-5　时尚衬衫规格设计（170/88A）　　　　单位：cm

部位	衣长（L）	胸围（B）	肩宽（S）	领围（N）	袖长（SL）	袖口（CW）
设计	0.4h+4	B^*+14	S^*+0.4	N^*+2.2	0.3h+7	0.2B+1.6
规格	72	102	45	39	58	22

3. 结构设计（图3-34、图3-35）

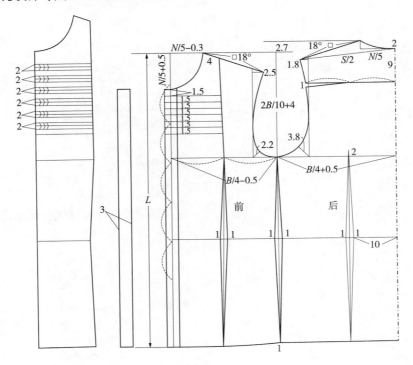

图3-34

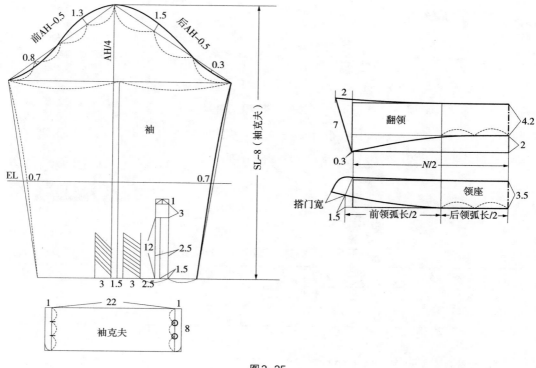

图3-35

思考与练习

1. 简述各个时期男衬衫的款式特点。

2. 简述男衬衫的风格分类及特点。

3. 理解男衬衫细节设计的要点，并设计一款时尚男衬衫。

4. 深入理解各类男衬衫的规格设计及结构设计方法。

5. 设计一款时尚男衬衫，标明规格设计，并分别用原型法和比例分配法进行改款版型设计。

第四章

男夹克款式与版型设计

第一节　男夹克概述

一、夹克发展历史

夹克，是由中世纪男子穿用的一种叫Jack的粗布制成的短上衣演变而来，是英文Jacket的译音，夹克多为拉链开襟的短外套，但也有很多人把一些衣长较短、面料较厚、可以当作外套来穿的纽扣开襟衬衫称作夹克。夹克也是男女都能穿的短上衣的总称，是人们现代生活中最常见的一种服装，由于它造型轻便、活泼，富有朝气，所以为广大男女青少年所喜爱。

15世纪的Jack有鼓出来的袖子，但这种袖子只是一种装饰，胳膊不穿过它，搭拉在衣服上。到了16世纪，男子的下衣裙比Jack长，用带子扎起来，在身体周围形成衣褶。进入20世纪以后，男子夹克从胃部往下的纽扣是打开的，袖口有装饰扣，下摆的衣褶到臀上部用纽扣固定着。而这时妇女上装也像18世纪妇女骑马的猎装那样，变成合身的夹克。其后，经过各种各样的变化，一直发展到现在，夹克几乎遍及全世界各民族。妇女真正开始大量穿用夹克是进入20世纪以后。夹克自形成以来，款式演变可以说是千姿百态，不同的时代，不同的政治、经济环境，不同的场合、人物、年龄、职业等，对夹克的造型都有很大影响。在世界服装史上，夹克发展到现在，已经形成了一个非常庞大的家族。20世纪90年代，一种全新的夹克理念进入中国。各大展会中的宣传人员已不再满足于仅有的服装样式进行宣传，而是希望有颜色更为鲜艳的服装能够选择，于是Event夹克应运而生。以前那种死板的款式与暗淡颜色的夹克已不再受欢迎，取而代之的是新颖的款式、光鲜的颜色、厚薄适宜的面料。SPITEM色谱堂的夹克选用100%尼龙面料，质感一流。亮丽的颜色，使穿着SPITEM色谱堂夹克的人在人群中更为出挑。在现代生活中，夹克轻便舒适的特点，决定了它的生命力。随着现代科学技术的飞速发展，人们物质生活的不断提高，服装面料的日新月异，夹克必将同其他类型的服装款式一样，以更加新颖的姿态活跃在世界各民族的服饰生活中。

二、夹克的分类

（1）男夹克从使用功能上分，大致可归纳为三类：工作服夹克，便装夹克，礼服夹克。

（2）夹克按下摆的款式可分为收腰和散腰式。

（3）按肩部接口款式可分为平接肩和插接肩。

（4）按领子款式可分为翻领、立领、驳领和帽领等。

（5）按袖口款式可分为紧袖口和散袖口。

（6）按袖子的结构分可分为一片袖、两片袖和插肩袖等。

（7）按风格分可分为运动夹克（平接肩）（图4-1）、休闲夹克（古典风格）（图4-2）、商务休闲夹克（中年装）（图4-3）和工装夹克（时尚版）（图4-4）等。

图4-1

图4-2

图4-3

图4-4

三、夹克版型风格

男夹克按版型风格来分，可以分为常规版夹克、合身版夹克和欧版夹克。

（1）常规版夹克：虽修身但不紧身，穿着精神帅气，同时具有良好的活动舒适性和包容性，尤其是对肚子部位的包容量，使身体略有发福者能够得到很好的掩饰，因此，适合人群宽泛，如标准体型或发福体型，以及喜欢宽松舒适穿着方式的消费者。

（2）合身版夹克：合身版型线条干净利落，廓型硬朗大气，穿着时尚、商务。在版型处理上，比常规版稍显合身，袖长比常规版长1cm，肩宽窄1.5cm，衣长短1cm，适合标准体型并喜欢合身有型穿着方式的消费者穿着。

（3）欧版夹克：虽修身而不紧身，同时具有良好的活动舒适性，穿着者显得精神干练，版型特点是袖型修长，衣身简短，腰节处有明显的收身效果，尤其注重背部线条的视觉美观性，真正体现了款在前型在后的理念。适合标准体型或偏瘦体型以及较年轻的并喜欢修身有型穿着方式的消费者穿着。

四、搭配风格

1. 休闲风格　"皮夹克+白色T恤+皮鞋"几乎是休闲风格男士固定的搭配模式，白色T恤是每个男士衣橱里都会有的单品，外搭一件皮夹克就能非常有型，既保暖又不失帅气。这样的男士夹克搭配很经典，加上一款超有品的皮鞋，整体风格很硬朗（图4-5）。

2. 校园风格　校园风格的搭配模式是"美式运动夹克+牛仔裤+帆布鞋"。学院派的着装风格，美式运动夹克少不了。美式运动夹克搭配牛仔裤属于日常穿搭，看似简单的穿着，却非常耐看。此外，如果想要看上去更酷一点，双肩包和耳机能为整体造型加分不少，配饰的作用一样不容忽视（图4-6）。

3. 商务风格　职场男士注重个人形象，在穿着装扮上首选商务风格，其搭配模式常见的是"正装夹克+深色衬衫+商务皮鞋"，这样的

图4-5

图4-6

图4-7

搭配模式令男士更加出众。在选购商务夹克时尽量选购一流品牌，同时，穿上西装裤会显得更为得体（图4-7）。

　　其实，搭配风格模式并不是固定不变的，夹克与T恤、衬衫穿搭总不会有差，如果搭配工装靴会显得很有型，搭配运动鞋则有校园风格，搭配英伦风格皮鞋既商务又休闲。裤子的选择也很有讲究，休闲风格可搭配牛仔裤或休闲裤，商务风格则可搭配西裤。

第二节　男夹克衣身结构设计

一、宽松型夹克的结构设计

　　1. 宽松型夹克的结构平衡　宽松型夹克的结构平衡采用挖深前袖窿1.2cm，前侧缝起翘1cm的方式消除前浮余量，同时抬高后腰线。后浮余量处理的方式有二，一是松量不做处理，二是后背采用横向分割的方法消除0.8cm。宽松型夹克的前中领口处不做撇门处理，前、后肩斜要适当减小，可采用角度或比例法确定，前肩斜按15：5，后肩斜按15：4.5，如图4-8所示。

　　2. 袖窿、袖山设计　宽松型夹克的袖窿要开深3cm以上，肩宽要加宽4cm以上，前胸宽和后背宽也要增加尺寸，整个袖窿的形状为扁袖窿。与之配伍的袖山则为低袖山，如图4-9所示。

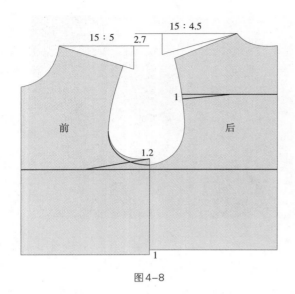

图4-8

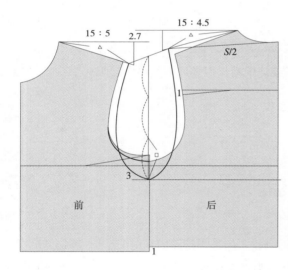

图4-9

二、合身型夹克的结构设计

1. 合身型夹克的结构平衡　合身型夹克的结构平衡采用增加撇门量、消除部分前浮余量以及前片侧缝起翘1.5cm的方式，使后片与前片起翘达到平衡来。后片浮余量是通过横向或斜向分割消除1cm。另外0.8cm作为袖窿松量。同时，前、后肩斜做适当调整，调整为前肩斜15：5.5、后肩斜15：5（图4-10）。

2. 袖窿、袖山设计　合身型夹克的袖窿可适当开深2~3cm，肩宽根据需要可酌情加宽2~3cm，前、后宽增加的量同肩宽增加的量，袖窿的形状属于椭圆形。袖山的高度可按袖窿深MAH的1/2~2/3高度区间取值，这样能保证袖子的机能和外观美（图4-11）。

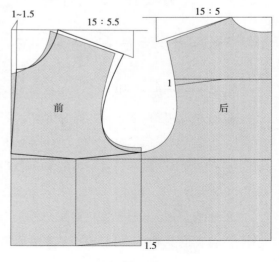

图4-10

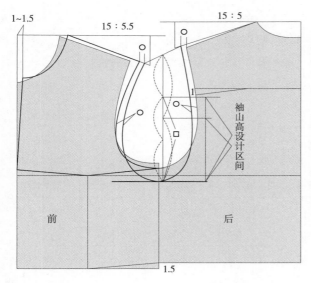
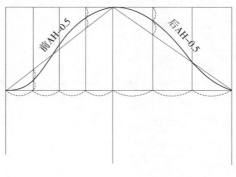

图4-11

第三节　男夹克整体版型设计

一、运动风格夹克

　　运动风格的夹克主要是指人们在户外运动时穿着的夹克款式，这类夹克的特点是衣身比较宽松，满足较大活动幅度的需要；袖子以插肩袖结构设计为多，活动的舒适度较好，同时便于分割拼色，具有良好的团队标识；领子多为立领或普通翻领；袖口和下摆以罗纹收口；前中为拉链设计，穿脱比较方便（图4-12），很多中学的校服也属于此类设计。

图4-12

案例1：棒球服

1. 款式特点　棒球服是一款典型的运动风格夹克，衣身为直身式，罗纹立领，前中加拉链，插肩袖，同时袖子与衣身进行了拼色设计，袖口和下摆采用罗纹设计收口。整体造型大方，时尚新颖，具有较好的市场前景（图4-12）。

2. 规格设计（表4-1）

表4-1　棒球服规格设计（170/88A）　　　　　单位：cm

部位	衣长（L）	胸围（B）	肩宽（S）	袖长（SL）	袖口（CW）	领围（N）	袖口罗纹宽	下摆罗纹宽
设计	$0.4h+1$	B^*+24	$S^*+2.6$	$0.3h+14$	$0.2B+0.6$	$N^*+5.2$	定寸	定寸
规格	69	112	46.2	65	23	42	6	5

3. 结构设计（原型法）　整体结构设计如图4-13所示。

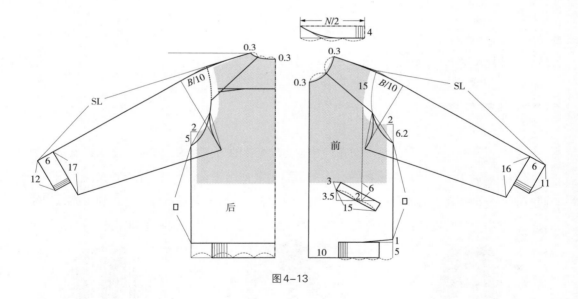

图4-13

结构设计说明：

（1）胸围加放8cm（原型的胸围为104cm），前、后侧缝各加2cm。

（2）前袖窿深开深6.2cm，后袖窿深开深5cm（根据夹克结构平衡处理方式，前侧缝底边起翘1cm）。

（3）前肩斜设计为19°，后肩斜设计为18°（采用宽松夹克肩斜设计方法，以增加肩部活动的松量）。

（4）前、后袖中线斜度设计为30°，袖山高设计为B/10,以确保袖子的松量与外观造型。

（5）根据效果图进行插肩位设计，前袖插肩分割到前领口的1/2，后袖插肩分割到后领口的1/3（图4—14）。

（6）前袖口大16cm，罗纹长11cm；后袖口大17cm，罗纹长12cm，罗纹宽度为6cm（根据罗纹宽度设计），前后袖口余量为抽褶设计。

（7）插袋设计为原型前宽线的延长线至原型腰线下6cm，再向前中2cm为袋口中点，袋口大15cm、宽3cm，上下斜度为抬高3.5cm。

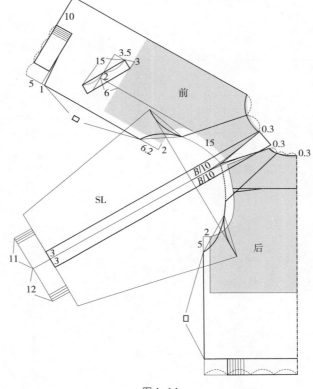

图4—14

（8）袖中配色设计为宽度6cm，袖中线前、后各3cm，设计为直丝缕，可以采用分割或烫好缉线的方式进行工艺设计。

案例2：校园运动服

1. 款式特点　校园运动服是青年学生喜爱的服装款式之一，结构上的分割设计与配色完美结合，更显得青年人朝气蓬勃。本款运动服装为直身宽松型，立领、插肩袖袖型。采用蓝白相间的配色设计，有蓝天白云的意境美。袖口和下摆采用暗松紧带设计，显得精神干练，体现了男子宽广的胸怀和阳刚之气（图4—15）。

图4—15

2. 规格设计（表4-2）

表4-2　校园运动服规格设计（170/88A）　　　　　　　　单位：cm

部位	衣长（L）	胸围（B）	肩宽（S）	袖长（SL）	领围（N）
设计	$0.4h+4$	B^*+30	$S^*+4.4$	$0.3h+14$	$N^*+11.2$
规格	72	118	48	65	48

3. 结构设计（图4-16）

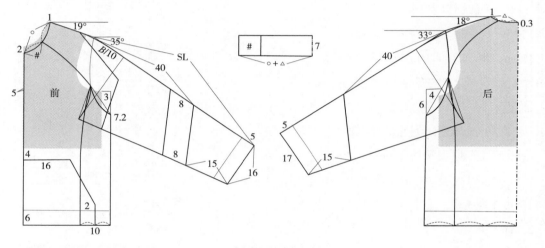

图4-16

（1）前领口在原型领口基础上开大1cm、开深2cm；后领口开大1cm，同时上抬0.3cm。

（2）前片胸围加大3cm，袖窿深开深7.2cm。后片胸围加大4cm，后袖窿深开深6cm。前、后胸围加大后，成品胸围的比例为前胸围 $B/4-0.5$cm，后胸围 $B/4+0.5$cm。前袖窿深与后袖窿深开深的差量为消除前胸浮余量的部分。

（3）前肩斜取19°，后肩斜取18°。

（4）前、后袖中线斜度分别取35°和33°。

（5）前袖口尺寸为袖口规格 -0.5cm，后袖口尺寸为袖口规格 +0.5cm。

二、休闲风格夹克

案例1：便装夹克

1. 款式特点 本款为便装夹克，立领，直身式略收腰，合体袖，袖口设置袖口调节襻，前胸分割与袖山分割高低一致，胸前设计有一个立体明贴袋，暗门襟设计（图4-17）。

图4-17

2. 规格设计（表4-3） 本款为较宽松风格，因此胸围加放量为18~25cm。衣长适中，可按0.4h+2cm长度设计。袖子可适当加长，0.3h+12cm设计。

表4-3 便装夹克规格设计（170/88A）　　　单位：cm

部位	衣长（L）	胸围（B）	肩宽（S）	袖长（SL）	袖口（CW）	领围（N）
设计	$0.4h+2$	B^*+24	$S^*+3.4$	$0.3h+12$	$0.1B+2.8$	$N^*+7.2$
规格	70	112	47	63	14	44

3. 结构设计（图4-18）

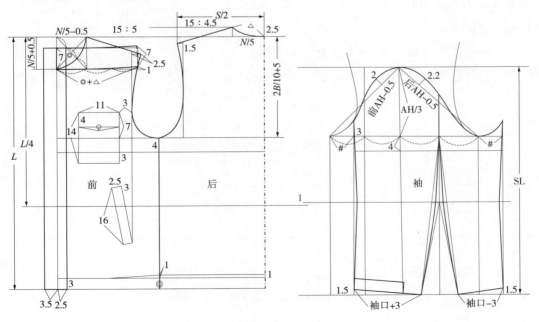

图4-18

（1）本款领口设计为单立领，前领口宽为$N/5-0.5cm$，领口深为$N/5+0.5cm$；后领口宽为$N/5$，领口深为2.5cm。

（2）袖窿深从上平线下量$2B/10+5cm$。

（3）前胸围尺寸为$B/4-0.5cm$，后胸围尺寸为$B/4+0.5cm$。

（4）后背宽为$S/2-1.5cm$，前胸宽从前肩点向内2.5cm。

（5）右前袋口距离前胸宽线3cm、胸围线向上7cm，袋口大11cm，袋长14cm。

（6）侧袋袋底距底边8cm，袋口大16cm，袋牙宽2.5cm，袋口于前胸宽线前斜3cm。

（7）下摆边宽3cm，后中连折。

（8）袖子采用两片弯身袖设计，前袖山为前$AH-0.5cm$，后袖山为后$AH-0.5cm$，袖山高为$AH/3$。袖肘线比衣身腰围线上抬1cm。前袖口尺寸为袖口大+3cm，后袖口尺寸为袖口大−3cm。

（9）本款门襟设计为暗门襟，考虑到拉链的宽度，左边分配2.5cm，右边分配3.5cm。

案例2：绗缝夹克

绗缝夹克是夹克装中的一个大类，指衣片的全部或部分采用绗缝进行装饰的夹克品类。

1. 款式特点　本款为一款休闲夹克，立领外加装饰，直身式略收下摆，合体袖，紧袖口装克夫（图4-19）。

2. 规格设计（表4-4）　本款为较宽松风格，因此胸围加放量为18~25cm。衣长适中，可按$0.4h+2cm$设计。

图4-19

表4-4　绗缝夹克规格设计（170/88A）
单位：cm

部位	衣长（L）	胸围（B）	肩宽（S）	袖长（SL）	袖口（CW）	领围（N）
设计	$0.4h+2$	B^*+24	$S^*+3.4$	$0.3h+12$	$0.2B+5.6$	$N^*+6.2$
规格	70	112	47	63	28	43

3. 结构设计（图4-20）

（1）本款领口设计为单立领，前领口宽为$N/5-0.5cm$，前领口深为$N/5+0.5cm$；后领口宽为$N/5$，领口深为2.5cm。

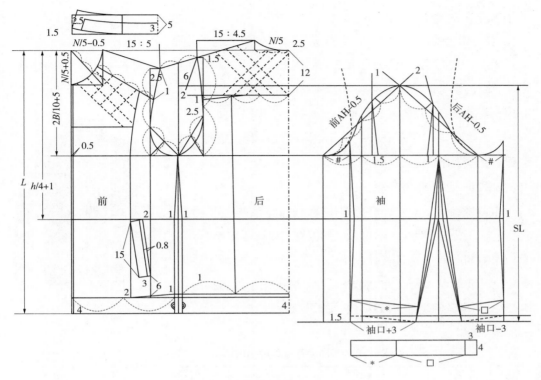

图4-20

（2）袖窿深从上平线下量2B/10+5cm。

（3）前胸围尺寸为B/4-0.5cm，后胸围尺寸为B/4+0.5cm。

（4）后背宽为S/2-1.5cm，前胸宽从前肩点向内2.5cm。

（5）前、后中腰各收1cm，下摆前、后侧缝处各收进1cm。

（6）侧袋袋底距底边6cm，袋口大15cm，袋牙宽3cm，袋口于前胸宽线前斜2cm，袋牙拼色0.8cm。

（7）下摆边宽4cm，后中连折。

（8）袖子采用两片弯身袖设计，前袖山为前AH-0.5cm，后袖山为后AH-0.5cm，袖山高为AH/3。袖肘线比衣身腰围线上抬1cm。前袖口尺寸为袖口大+3cm，后袖口尺寸为袖口大-3cm。由于袖口有袖克夫设计，前、后袖片在长度上要减去4cm袖克夫的宽度。袖克夫的设计应为宽4cm，长度为前后袖口分割后的尺寸再加上3cm的搭门宽。

三、商务夹克

商务夹克也称为正装夹克，是一种在正式场合穿着的夹克，正装夹克可以较好地彰显男人个性，修身设计更显男人干练帅气。款式简洁大方、线条流畅。款式上一般分为两类：一类是传统夹克式样，但面料更加高档，做工更加考究；另一类是西装式夹克，采用三开身立体结构，但衣身的长度比西装短，穿着显得更加精悍。

案例1：普通商务夹克

1. **款式特点** 立领，一片式长袖，四开身结构，前身有弧线分割，缉三道明线。袖口、下摆围罗纹设计（图4-21）。

2. **规格设计（表4-5）** 商务夹克一般以修身为主，围度的加放量不宜太大，为较宽松风格。胸围的加放量控制在18~25cm，肩宽的设计比较保守，加放量不宜太大。

图4-21

表4-5 普通商务夹克规格设计（170/88A）

单位：cm

部位	衣长（L）	胸围（B）	肩宽（S）	袖长（SL）	袖口（CW）	领围（N）
设计	$0.4h$	B^*+20	$S^*+0.4$	$0.3h+10$	$0.1B+5.6$	$N^*+6.2$
规格	68	108	44	61	23.2	43

3. **结构设计（图4-22）**

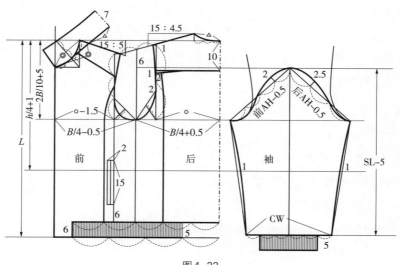

图4-22

（1）本款领口设计为单立领，前领口宽为 $N/5-0.5cm$，前领口深为 $N/5+0.5cm$；后领口宽为 $N/5$，领口深为2.5cm。

（2）袖窿深从上平线下量 $2B/10+5cm$。

（3）前胸围尺寸为 $B/4-0.5cm$，后胸围尺寸为 $B/4+0.5cm$。

（4）后背宽为 $S/2-1cm$，前胸宽为后背宽 $-1.5cm$。

（5）衣身设计为四开身直身结构，前肩部进行斜向分割，后背进行横向分割。前、后片衣身进行弧线分割。下摆围前端宽6cm，罗纹高5cm，罗纹长度取总长的4/5（也可根据罗纹实际的伸缩量进行调节）。

（6）袖子设计为一片长袖，袖口罗纹高5cm。前袖山斜线长度取前 $AH-0.5cm$，后袖山斜线长度取后 $AH-0.5cm$，袖山高取前后窿深的平均值减去6cm。袖口罗纹长度取袖口尺寸的4/6（也可根据罗纹实际的伸缩量进行调节）。

案例2：绅士商务夹克

绅士商务夹克指可以在正式场合穿着的夹克，这类夹克装是成功男士的挚爱。版型以修身为主，工艺考究，穿着帅气有个性。

1. **款式特点**　本款夹克为四开身结构，前片肩部斜向分割，衣身竖向分割，前中下部斜向分割，前中分割与衣身分割处设计一个嵌线袋，袋口外有明扣。袖身为分割合体袖设计。领子、下摆和袖口均为罗纹（图4-23）。

2. **规格设计（表4-6）**　本款夹克为修身较宽松型风格，胸围的加放量控制在18~25cm。肩部为合体肩设计，加放量不宜太大。袖子为普通长袖设计。为了较好地体现修身风格，衣长可适当加长一些。

图4-23

表4-6　绅士商务夹克规格表（170/88A）　　　单位：cm

部位	衣长（L）	胸围（B）	肩宽（S）	袖长（SL）	袖口（CW）	领围（N）
设计	$0.4h+2$	B^*+20	$S^*+1.4$	$0.3h+10$	$0.1B+3$	$N^*+6.2$
规格	70	108	45	61	13.8	43

3. 结构设计（图4-24）

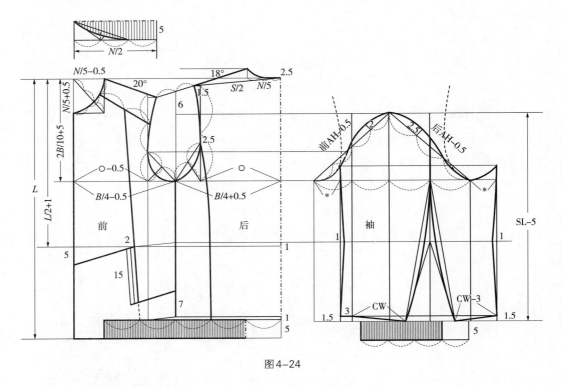

图4-24

（1）本款领口设计为单立领，前领口宽为 $N/5-0.5$cm，前领口深为 $N/5+0.5$cm；后领口宽为 $N/5$，领口深为 2.5cm。

（2）袖窿深从上平线下量 $2B/10+5$cm。

（3）前胸围尺寸为 $B/4-0.5$cm，后胸围尺寸为 $B/4+0.5$cm。

（4）后背宽为 $S/2-1.5$cm，前胸宽为后背宽 -1.5cm。

（5）前肩斜取 20°，后肩斜取 18°。

（6）本款夹克以衣身分割设计为主要特点，分割缝均为暗缝设计，不加明线。前片肩部斜向分割，肩部到底边斜向分割，前中斜向分割，前中与肩部到底边的斜向分割交叉处设一嵌线口袋。后片袖窿到底边斜向分割。下摆围前端宽6cm，罗纹高5cm，长度取总长的4/5（也可根据罗纹的伸缩量进行调整）。

（7）袖子为分割弯身袖设计，前袖山斜线长度取前 $AH-0.5$cm，后袖山斜线长度取后 $AH-0.5$cm，袖山高取前后袖窿深的平均值减去6cm。袖口罗纹长度取袖口尺寸的3/4（也可根据罗纹实际的伸缩量进行调节）。

四、工装夹克

工装夹克指在工作中穿着的夹克，这类夹克的前胸或者后背都设计有企业的名称或LOGO，具有醒目的标识作用。另外，衣身上多有口袋设计，以确保实用功能。工装夹克根据款式设计，可以分为普通工作夹克和时尚工作夹克。

案例1：普通工作夹克

普通工作夹克是一种大众化夹克装，一般以蓝色为主，大多在户外工地穿着。

1. 款式特点　本款普通工作夹克的领子为一片翻领结构，袖子为一片长袖，有袖克夫。衣身为四开身直身式结构，前胸左右各设一个有带盖的明贴袋，具有实用功能。根据工种需要，常常也在左袖山处设计一个插笔袋。门襟有纽扣设计和拉链设计两种形式，安装拉链都要设计成掩门襟结构（图4-25）。

2. 规格设计（表4-7）　本款工作夹克为宽松型，胸围的加放量为25~36cm。袖子为一片长袖，袖山较低，袖肥比较大，便于活动。

图4-25

表4-7　普通工作夹克规格表（170/88A）

单位：cm

部位	衣长（L）	胸围（B）	肩宽（S）	袖长（SL）	袖口（CW）	领围（N）
设计	$0.4h+2$	B^*+30	$S^*+4.4$	$0.3h+10$	$0.2B+1.6$	$N^*+5.2$
规格	70	118	48	61	25	42

3. 衣身结构设计（图4-26）

（1）本款领口设计为单立领，前领口宽为$N/5-0.5$cm，领口深为$N/5+0.5$cm；后领口宽为$N/5$，领口深为2.5cm。

（2）袖窿深从上平线下量$2B/10+5$cm。

（3）前胸围尺寸为$B/4-0.5$cm，后胸围尺寸为$B/4+0.5$cm。

（4）后背宽为$S/2-2$cm，前胸宽为前肩点向内2.5cm。

（5）前肩斜取20°，后肩斜取18°。

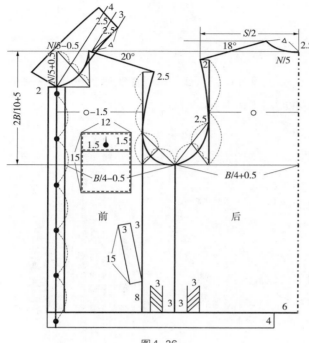

图4-26

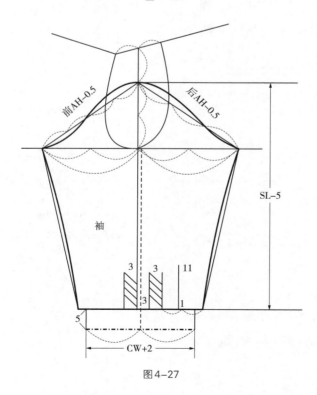

图4-27

（6）胸袋高同前袖窿深1/3处平齐，距离前胸宽线3cm，袋口大12cm，袋深15cm，袋盖宽4.5cm。

（7）侧袋底距下摆边8cm，袋牙宽3cm，袋口大15cm，前斜3cm。

（8）前、后侧缝两侧3cm处各收3cm的褶裥。

（9）门襟宽2cm，门襟贴边4cm。

（10）纽扣位：第一粒纽扣距领深线2cm，末粒纽扣位于下摆围的1/2处，其余4粒纽扣的距离平分。

4．领子结构设计（图4-26）领子后中宽为7cm，其中领座宽3cm，翻领宽4cm，领子后翘为2.5cm，领角大7cm。

5．袖子结构设计（图4-27）

（1）袖山高取前后袖窿深平均值的2/3。

（2）前袖山斜线长为前AH-0.5cm，后袖山斜线长取后AH-0.5cm。

（3）袖口尺寸=袖口规格+6cm（褶裥），袖开衩长11cm，开衩位置为第二个褶裥到后袖缝的1/2向袖中方面偏1cm。

（4）袖克夫=袖口规格+2cm（袖口重叠量）。

案例2：时尚工作夹克

1. 款式特点　时尚工作夹克是一种设计感比较强的夹克，领面、挂面常常采用配色，左前胸和后背有企业的标志，这类夹克装有明显的标识作用。本款夹克的领子为普通翻领，袖子为短袖，左袖外侧设计插笔袋，方便工作之用。前胸横向分割加活褶，左胸以电脑绣设计企业LOGO，后背印有企业的名称（图4-28）。

2. 规格设计（表4-8）　本款时尚工作夹克为较宽松风格，胸围的加放量为18~25cm，下摆以松紧收口。袖子为短袖，长度设计在肘上3cm处。

图4-28

表4-8　时尚工作夹克规格表（170/88A）　　　　单位：cm

部位	衣长（L）	胸围（B）	肩宽（S）	袖长（SL）	领围（N）
设计	0.4h	B^*+22	S^*+2.4		N^*+4.2
规格	68	110	46	25	41

3. 衣身结构设计（图4-29）

（1）本款领口设计为单立领，前领口宽为N/5-0.5cm，领口深为N/5+1cm；后领口宽为N/5，领口深为2.5cm。

（2）袖窿深从上平线下量2B/10+4cm（短袖的袖窿深可适当浅一些）。

（3）前胸围尺寸为B/4-0.5cm，后胸围尺寸为B/4+0.5cm。

（4）后背宽为S/2-2cm，前胸宽为前肩点向内2.5cm。

（5）前肩斜取20°，后肩斜取18°。

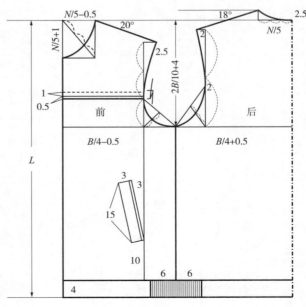

图4-29

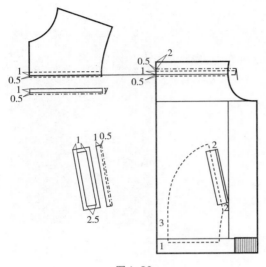

图4-30

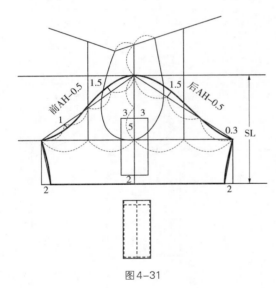

图4-31

图4-32

（6）侧袋距离下摆边10cm，袋口尺寸为15cm，袋牙宽3cm，撞色牙宽0.5cm，前斜3cm。

（7）下摆围前、后侧缝两侧各6cm处以松紧收小为3cm。

（8）本款时尚工作夹克为前胸分割设计并加配色条（图4-30）。

（9）侧袋也做配色设计并加配色袋牙。

4. 袖子结构设计（图4-31）

（1）袖子为一片短袖，袖山高取前后袖窿深平均值的2/3。

（2）前袖山斜线长为前AH-0.5cm，后袖山斜线长取后AH-0.5cm。

（3）袖口尺寸为袖肥-4cm，即袖侧两边各收进2cm。

（4）插笔袋长为13cm，宽为6cm，距离袖口2cm。插笔袋中间可缉线分成两部分。

5. 领子结构设计　本款领子为一般翻领，采用翻折领配领方法。后中领宽7cm，其中领座宽3cm，翻领宽4cm，领子后翘为2.5cm，领角8cm（图4-32）。

思考与练习

1. 简述不同风格男装夹克的特点。

2. 深入理解不同风格男装夹克的规格设计及结构设计方法。

3. 设计一款商务夹克或休闲夹克，并进行规格设计及结构设计。

第五章

男西装款式与版型设计

第一节　男西装概述

一、男西装名称的意义

西装，又称为西服、洋装。西装是一种"舶来文化"，在中国，人们多把有翻领和驳头、三个衣袋、衣长在臀围线以下的上衣称作"西服"。西装从广义讲指西式服装，是相对于"中式服装"而言的欧系服装。西装通常是企业从业人员、政府机关从业人员在较为正式的场合男士着装的一个首选。西装之所以长盛不衰，很重要的原因是它拥有深厚的文化内涵，主流的西装文化常常被人们打上"有文化、有教养、有风度、有尊严感"等标签。

西装一直是男性服装王国的宠物，"西装革履"常用来形容文质彬彬的绅士俊男。西装的主要特点是外观挺括、线条流畅、穿着舒适。若配上领带后，则更显得高雅典朴。在日益开放的现代社会，西装作为一种衣着款式也进入到女性服装的行列，体现女性和男性一样的独立、自信，也有人称西装为女人的千变外套。

二、男西装款式的由来

1. 西装源于北欧南下的日耳曼民族服装　据说当时是西欧渔民穿的，他们终年与海洋为伴，在海里谋生，着装敞领、少扣，捕起鱼来才会方便。它以人体活动和体形等特点的结构分离组合为原则，形成了以打褶（省）、分片、分体的服装缝制方法，并以此确立了日后流行的服装结构模式。也有资料认为，西装源自英国王室的传统服装。它是男士穿同一面料成套搭配的三件套装，由上衣、背心和裤子组成。在造型上延续了男士礼服的基本形式，属于日常服中的正统装束，使用场合甚为广泛，并从欧洲影响到国际社会，成为世界指导性服装，即国际服。

现代的西服形成于19世纪中叶，但从其构成特点和穿着习惯上看，至少可追溯到17世纪后半叶的路易十四时代。17世纪后半叶的路易十四时代，长衣及膝的外衣"究斯特科尔"（Justaucorps）和比其略短的"贝斯特"（Veste），以及紧身合体的半截裤"克尤罗特"（Culotte）一起登上历史舞台，构成现代三件套西装的组成形式和许多穿着习惯。究斯特科尔前门襟纽扣一般不扣，要扣只扣腰围线上下的几粒，这就是现代单排扣西装一般不扣纽扣不为失礼、两粒纽扣只扣上面一粒的穿着习惯的由来。

2. **法国贵族菲利普从渔民和马车夫学来**　有一年秋天，天高气爽，碧蓝的天空中飘荡着几朵白云，满山的红叶像红地毯那样与湛蓝的天空比美相映。这天，年轻的子爵菲利普和好友们结伴而行，踏上了秋游的路途。他们从巴黎出发，沿塞纳河逆流而上，再沿卢瓦尔河顺流而下，品尝了南特葡萄酒后来到了奎纳泽尔。想不到的是，这里竟成为西装的发祥地。

奎纳泽尔是座海滨城市，这里居住着大批出海捕鱼的渔民。由于风光秀丽，这里还吸引了大批王公贵族前来度假，旅游业特别兴旺。来这里的人最醉心的一项娱乐是随渔民出海钓鱼。菲利普一行也乐于此道，来奎纳泽尔不久，他们便请渔夫驾船出港，到海上去钓鱼取乐。鱼一旦上钩，要将钓竿往后一拉，这里的鱼都挺大，菲利普感到自己穿紧领多扣的贵族服装很不方便，有时拉力过猛，甚至会把纽扣也挣脱了。可他看到渔民们却行动自如，他通过仔细观察渔民的穿着，发现他们的衣服是敞领、少扣的。这种样式的衣服，在进行海上捕鱼时十分便利，敞领对用力的人来说十分舒服，便于大口喘气；纽扣少更便于用力，在劳动强度大的作业中，可以不扣纽扣，即使扣了也很容易解开。

菲利普虽然是个花花公子，但对于穿着打扮还是有些才能的。他从渔夫衣服那里得到了启发，回到巴黎后，马上找来一班裁缝共同研究，力图设计出一种既方便生活而又美观的服装来。不久，一款时新的服装问世了。它与渔夫的服装相似，敞领、少扣，但又比渔夫的衣服挺括，既便于用力，又能保持传统服装的庄重。新服装很快传遍了巴黎和整个法国，以后又流行到整个西方世界。它的样式与现代西装基本相似。

三、男西装名称的变革

在西方，一般把前开襟、有袖子、衣长在臀围线上下的男女上衣统称为"夹克"（Jacket）。而在中国，人们平时所说的下摆和袖口有带状收口的夹克，英语称为"将帕"（Jumper），法语称为"布鲁宗"（Blouson），是夹克这个大家族中的一个品种。"西服"也是一种"夹克"，英国人称其为"拉翁基（随意式）夹克"（Lounge Jacket）。19世纪末，当这种上衣和长裤采用同质同色的面料制成"套装"时，欧美人又称其为"外出套装"（Town suit）。20世纪，又因为这种套装多为活跃于政治、经济领域的白领阶层穿用，故也称作"职业套装"或"商务家套装"（Business Suit）。

四、男西装款式的变革

（1）19世纪50年代，以前西装并无固定式样，有的收腰，有的呈直筒型；有的左胸开袋，有的无袋。19世纪90年代西装基本定型，并广泛流传于世界各国。

（2）20世纪40年代男西装的特点是宽腰小下摆，肩部略平宽，胸部饱满，领子翻出偏大，袖口、裤脚口较小，较明显地夸张男性挺拔的线条美和阳刚之气。此时的女外套也同样采用平肩收腰，但下摆较大，在造型上显得优雅而富于女性高雅之美。

（3）20世纪50年代前中期，男西装趋向自然洒脱，但变化不很明显。同期的女外套则变化较大，主要变化为由原来的收腰改为松腰身，长度加长，下摆加宽，领子除翻领外，还有关门领，袖口大多采用另镶袖口，并自中期开始流行连身袖，造型显得稳重而高雅。

（4）20世纪60年代中后期，男西装和女外套普遍采用斜肩、宽腰身和小下摆。男西装的领子和驳头都很小；女外套则较大，直腰身，其长度至臀围线上。袖子流行连身袖。西装裙臀围与下摆垂直平齐，裙长及膝。裤子流行紧脚裤和中等长度的女西裤。此时期的男女西装具有简洁而轻快的风格。

（5）20世纪70年代，男西装和女外套又恢复到40年代以前的基本形态，即平肩收腰，裤子流行喇叭裤（上小下大）。女装前期流行短裙，后期则有所加长，下摆也较大。20世纪70年代末期至80年代初期，西装又有了一些变化。主要表现为男西装腰部较宽松，领子和驳头大小适中，裤子为直筒型，造型自然匀称。而女西装则流行小领和小驳头，腰身较宽，门襟止口一般为圆角。女西装的下装大多配穿较长而下摆较宽的裙子。这些服装的造型古朴典雅并带有浪漫的色彩。

19世纪40年代前后，西装传入中国，留学的中国人多穿西装。宁波市服装博物馆的研究人员经过半年的研究，发现中国人开的第一家西服店是由宁波人李来义于1879年在苏州创办的李顺昌西服店，而非国内服装界公认的1896年由奉化人江辅臣在上海开的"和昌号"，这将宁波"红帮"史和中国西装史整整向前推进了17年。1911年，民国政府将西装列为礼服之一。1919年后，西装作为新文化的象征冲击着传统的长袍马褂，中国西装业得以发展，逐渐形成一大批以浙江奉化人为主体的"奉帮"裁缝专门制作西装。

20世纪30年代后，中国西装加工工艺在世界上享有盛誉，上海、哈尔滨等城市出现一些专做高级西装和礼服的西服店，如上海的培罗蒙、亨生等西服店，以其精湛工艺闻名国内外。此外，中国西装制作形成各种流派，较为流行的有罗（俄国）派和海派。罗派以哈尔滨为代表，制作的西装隆胸收腰，具有俄国特色；海派以上海为代表，制作的西装柔软、合体，具有欧美特色。1936年，留学日本归来的顾天云，首次出版了《西装裁剪入门》一书，并创办西装裁剪培训班，培育了一批制作西装的专业人才，为传播西装制作技术起到一定的推动作用。

中华人民共和国成立以后，占服饰主导地位的一直是中山装。改革开放以后，随着思想的解放，经济的腾飞，以西装为代表的西方服饰以不可阻挡的国际化趋势又一次涌进中国，人们不再讨论它是否曾被什么阶级穿用过，不再理会它那说不清的象征和含义，欲与国际市场接轨的中国人似乎以一种挑战的心理主动接受这种并不陌生但又感到新鲜的服饰文化。于是，一股"西装热"席卷中华大地，中国人对西装表现出比西方人更高的热情，穿西装打领带渐渐成为一种时尚。

五、男西装的分类

1. **按版型分类**　男西装按版型分类，可以分为欧版西装、英版西装、美版西装和日版西装。

（1）欧版西装：实际上指欧洲大陆流行的倒梯型轮廓的西装。双排扣、收腰、肩宽，是欧版西装的基本特点。

（2）英版西装：它变化于欧版西装。单排扣，狭长的领子，和盎格鲁-撒克逊人这个主体民族有关。盎格鲁-撒克逊人的脸形比较长，所以他们的西装领子比较宽，也比较狭长。英版西装，一般是三粒纽扣的居多，其基本轮廓是倒梯型或X型。

（3）美版西装：就是美国版的西装，宽松肥大，适合于休闲场合穿着。所以美版西装往往以单件者居多，着装的基本特点可以用四个字来概括，就是宽衣大裤，强调舒适、随意。

（4）日版西装：基本轮廓是H型，适合亚洲男人的身材，没有宽肩，也没有细腰。一般而言，多是单排扣式，衣后不开衩。

2. **按领型分类**　西装按领型分类可以分为平驳领、戗驳领、青果领等。

3. **按纽扣和搭门分类**　西装有一粒扣、两粒扣、三粒扣、四粒扣等。搭门有单搭门、双搭门。与单搭门组合起来的有单排一粒扣、两粒扣、三粒扣、四粒扣等，与双搭门组合起来的有双排两粒扣、双排四粒扣、双排六粒扣等。

4. **按穿着风格分类**　按穿着的风格分类可以分为正装西装、董事西装、礼服西装和运动西装等。正装西装也成为标准西装，指单排两粒扣西装，也称为经理西装，一般是指公司白领穿着的西装款式。董事西装指戗驳领双排扣西装，也称为老板西装，是指有身份有地位人在正式场合穿着的西装款式。礼服西装指塔士多礼服西装，这类西装领型为青果领，并用缎面配色，是指在酒会上穿着的西装款式。运动西装也称为休闲西装，款式多变，代表款为单排三粒扣、圆摆、明贴袋西装，是指人们在非正式场合穿着的西装款式。

六、男西装的穿着规范

1. 西装纽扣的扣法

单排一粒扣的扣法：系上或敞开均可。

单排双粒扣的扣法：系上面一粒扣或者不系均可，但全扣和只扣第二粒扣不合规范。

单排三粒扣的扣法：不扣或者只扣中间一粒扣，即一、三粒扣不扣。

双排扣的扣法：纽扣要全部扣起，也可以只扣上面一粒，但是不可以不扣。

就座后，正装纽扣应该解开，起身后则按原样扣好。

2. 西装的搭配

（1）西装穿着要领：穿双排扣的西装一般应将纽扣都扣上。穿单排扣的西装，如是两粒扣的只扣上面的一粒，三粒扣的则扣中间的一粒或扣上面两粒。在一些非正式场合，单排扣可以不扣纽扣。西装的驳领上通常有一个扣眼，称为插花眼，是参加婚礼、葬礼或出席盛大宴会、典礼时用来插鲜花用的，中国人一般无此习惯。西装的衣袋和裤袋里，不宜放太多东西，最好将东西放在西装左右两侧的内袋里。西装的左胸外面有个口袋，这是用来插手帕用的，起装饰作用，在此胸袋里不宜插钢笔或放置其他东西。

（2）西装与衬衫：穿西装时衬衫袖口一定要扣上，衬衫袖应比西装袖长出1~2cm，衬衫领应高出西装领1cm左右。衬衫下摆必须扎进裤内。若不系领带，衬衫的领口应敞开。在正式交际场合，衬衫的颜色最好是白色。

（3）西装与领带：领带是西装的灵魂。凡是参加正式交际活动，穿西装就应系领带，领带长度以到皮带扣处为宜。如穿马甲或毛衣时，领带应放在它们里侧，领带夹一般夹在衬衫的第四、第五粒纽扣之间。

（4）西装与鞋袜：穿西装时不宜穿布鞋、凉鞋或旅游鞋。庄重的西装要配深褐色或黑色的皮鞋，袜子的颜色最好为黑色，以黑色袜子为主，颜色需深，袜子要长，不能露肉。

第二节　经典男西装风格概述

一、平驳领西装

平驳领是西装领子的"老贵族"，是非常传统的一种领型，平驳领西装一般为单排两粒扣，往往和西裤、马甲配套成为三套件。这类西装属于经典西装款式之一（图5-1、图5-2）。

二、戗驳领西装

戗驳领是比较特别的一种领型，杂糅了平驳领的正式、传统，也开拓出了自己的新气质，优雅、精致。其突出的领型设计将西服的刚毅刻画得更加深刻。戗驳领的风格相对于平驳领比较高调和张扬，通常适用于单排或双排扣的西装，最完美的效果当然是双排扣。另外，对于个子不高或者体格健壮的绅士，戗驳领能够多多少少掩盖些缺点。

图5-1

戗驳领一般不适合日常生活穿着，除非是特别时尚Sense的人，否则很难在休闲与正式之间做一个权衡。大多男士会将戗驳领西装穿进酒会或者婚庆现场，显得较为庄重。当然，戗驳领还有一个小要求，就是比较挑脸相。那些娃娃脸或者圆脸较为适合，相反，成熟的脸则会有些反差。如果是颜值逆天的，请随意穿着。

戗驳领西装分为戗驳领双排扣西装和戗驳领单排扣西装。戗驳领双排扣西装较单排扣西装更具厚重感，任何年龄者皆可穿着。剑型戗驳领，剑尖设计通常是年轻人设计锐角，中年以上的人要消弱角度，前门襟有直摆和斜摆两种。纽扣的位置可依据设计或流行情况而变化，有二粒扣、四粒扣、六粒扣等，因此驳头的长

图5-2

短会由此而改变。最近是两粒纽扣和两粒装饰纽扣的为多。戗驳领单排扣西装相对于戗驳领双排扣西装来说，显得更为随意和洒脱。这种西装尤其受到年轻人的青睐，倍显蓬勃朝

图5-3

气，扣上纽扣感觉平和自然，收放有度，不扣纽扣显得不拘小节，随心所欲（图5-3、图5-4）。

三、青果领西装

青果领算是真正意义上的翻领，因为它看起来的确更加纯粹和优雅。现在看到的晚礼服或燕尾服都是维多利亚时期正统礼服衍化而来，所以青果领礼服看起来有一种高贵优雅的气质，与之搭配的最佳组合就是领结。不论是在正式场合还是私下与朋友聚会，穿着青果领西装，会给你不一样的惊喜（图5-5、图5-6）。

图5-4

图5-5

图5-6

第三节　男西装版型风格分类

一、欧版西装

欧版西装流行于欧洲大陆，如意大利、法国等。总体来讲，它们都叫欧版西装。主要的代表品牌有阿玛尼（图5-7）、杰尼亚（图5-8）、费雷等。欧版西装的基本轮廓是倒梯型，也就是肩宽收腰，这与欧洲男人比较高大魁梧的身材相吻合。双排扣、收腰、宽肩，是欧版西装的基本特点。

　　欧版西装裁剪得体，造型优雅、规矩，肩部垫得很高，有时甚至给人一种双肩微微耸起的感觉，胸部用上等的内衬做得十分挺括，面料多以黑、蓝色精纺毛料为主，腰身紧收，穿上欧版西装显得自信、挺拔，并略带浪漫情怀。

二、英版西装

　　英版西装是欧版的一个变种，特点为单排扣，但是领子比较狭长，英版西装一般是三粒纽扣的居多，收腰放摆，其基本轮廓也是倒梯型或X型。英版西装的肩部与胸部线条平坦、流畅，轮廓清晰明快，最能体现绅士派头，面料一般采用纯毛织物，色彩以深蓝和黑色为主，配以白衬衫和黑领结。整体效果威严、庄重、高贵，许多上层人物在正式场合都喜欢选择英版西装，故英版西装有正式西装之称（图5-9）。

图5-7　　　　　　　　图5-8

图5-9

三、美版西装

美版西装的特点是版型比较宽松，不太注重修身，以舒服为主，休闲风格。其基本轮廓特点是O型，不太强调腰身，垫肩不是很明显，通常有后开衩。适合身材高大强壮的男人穿着，特别适合肥胖一些的男人，舒适且随意（图5-10）。

图5-10

四、日版西装

从明治维新后期开始，定制就是日本服装的基础。明治维新从1868年开始推行改革后，日本对西方技术敞开了大门。当然，时尚穿衣方面也同样。到了20世纪30年代，深受英国服饰文化的影响，大多数的日本都市男人都穿着西装。西装完全是量身定做的，传统而复古，直到20世纪50~60年代后，西装的剪裁方式开始截然不同。VAN成为一个正常富人家孩子的衣服，而时尚人士则非常喜欢欧洲时尚，每当美国时装登场，总会有欧洲时尚的反潮流现象出现。到了80年代和90年代，日本西装风格变得复杂。美国风格依然留存影响力，但是随着阿玛尼的飞速崛起，很多裁缝也开始追求来自意大利的柔软和轻便风格，这给他们更多的灵感。这时期许多裁缝开始去意大利，在那里学成归来。到源头去学习、培养这门技艺，掌握它，并把它拿回来，这是在日本留存千年的古老模式。

日本有不可否认的匠人文化，他们更擅长做传统和工艺极其复杂的高质量产品。其次，由于日本的地域和历史文化原因，在学习国外技艺时，日本往往别无选择，只能从源头一点一点学起。想学习那不勒斯的剪裁手法，如果在日本长大生活，是学不到任何可用的经验的。只能真正到那不勒斯去学习，尝试并尽可能了解如何使其完美。当时在日本本土，裁缝界的竞争非常激烈，各大品牌力求打造最美或者最具意大利特色的西装，正是这种环境促使他们的技艺越来越成熟，并掌握了核心技术。他们掌握了这方面所有的知识，同时也有了新的创造性和竞争性的冲动，所以不断进步并超越。现在，日本西装在很大程度上也可以代表顶尖的制衣工艺，并且不断地扩大在世界的影响力。更重要的是，它创造了一个西装亚文化，明确地迎合拥簇者的风格——那些懂得它的历史和复杂工艺的人。日本人是世界上最爱打扮的人群之一。当然和绝大多数国家的人一样，西装只是无聊的制服。但裁缝眼里看到的，都是真正热爱西装、想要有趣和独一无二风格的人。

经过多年的发展和本土的温养，这个优雅的西装亚文化终于引起了国际的关注。像 Sartoria Ciccio 现在已经开始提供多国的 Trunk Show，Ring Jacket 也都有来自各地的粉丝群体。他们可能并不是这个风格和剪裁的创始人，但在精致的剪裁和细节的处理上，日本西装是值得学习的。

日本人极其严谨，大小事务都非常注重细节，这也导致了他们在日常生活中会有很多规矩礼节要去遵守，也因此诞生了很多所谓的"正式场合"，如开学典礼、毕业典礼、成人礼、考试、婚丧、面试等都属于正式场合，相应的也必须穿着正装。去过日企面试的朋友一定感受过日本企业对面试服装的严格要求，如果你不穿一套工工整整的西装，那你基本就掰掰了。日本人爱穿西装还有一个原因，在他们看来西装才是正经上班族的标志，是他们的奋斗之服，而穿上西装则是每天上班前必须的仪式（图5-11）。

图5-11

五、夹克西装

夹克西装也称为调和西装或休闲西装，是一种以夹克元素（部件、工艺、分割、拼色）和西装元素（领子、造型）等结合在一起的服装款式，自流行以来，深受青年人的青睐。这类服装具有时尚感，穿着随意、休闲自在，面料花色多样，工艺简单（图5-12）。

图5-12

第四节　西装细部设计

一、领型设计

西装领子造型与驳头是分不开的，领角、驳角、缺嘴形成的角度都会影响西装领型的美感。一般领角、驳角和缺嘴之间形成的角度约为60°，其中缺嘴＞驳角＞领角约0.5cm，如缺嘴为4.5cm、驳角为4cm，领角为3.5cm。

另外，西装领为翻折领结构，领子后中自然分成翻领和领座两部分，其中后中的翻领宽要大于领座宽1~1.5cm。如翻领宽为3.5~4cm，领座取2.5~3cm（图5-13）。

当第一粒纽扣的位置确定之后，意味着驳头的长短不会变化了，但根据流行或设计，驳头的宽窄、领角的大小、串口线的斜度都可以适当变化（图5-14~图5-17）。

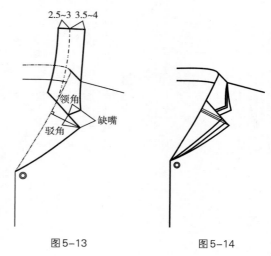

图5-13　　　　图5-14

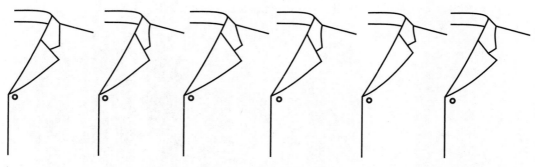

图5-15

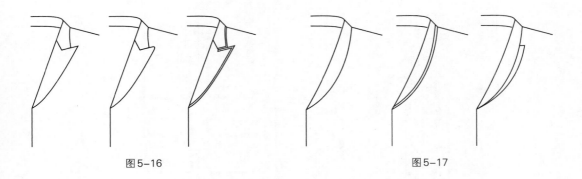

图5-16 图5-17

二、搭门设计

搭门有单搭门和双搭门之分。单搭门的宽度一般为1.5~2.5cm，双搭门的宽度一般为6~9cm（图5-18）。

三、口袋设计

正装男西装的外面口袋虽然只有手巾袋、两个侧袋共三个口袋，但其他风格的西装在正装的基础上可略有变化（图5-19）。

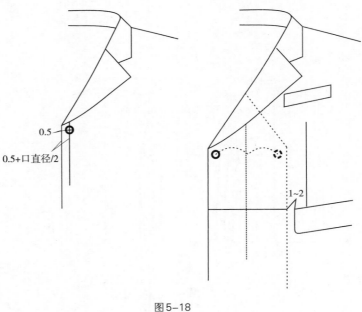

图5-18

四、廓型及开衩变化

男西装的廓型一般有X型、H型和T型（或Y型）三种，开衩的形式也分为无开衩、后开衩和侧开衩三种形式，廓型与开衩可以自由组合（图5-20）。

图5-19

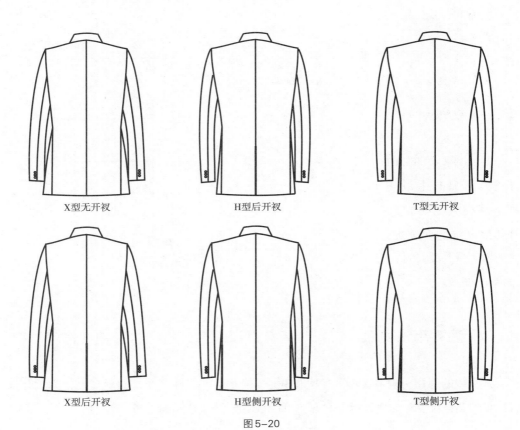

X型无开衩　　　　　H型后开衩　　　　　T型无开衩

X型后开衩　　　　　H型侧开衩　　　　　T型侧开衩

图5-20

第五节　男西装的规格设计与结构设计

一、男西装规格设计

男西装的规格尺寸一般有衣长、胸围、肩宽、袖长四个主要部位，男西装规格尺寸的制定分为成衣化批量生产和高级定制的单件生产，成衣化生产的规格是按国家号型标准进行定制，高级定制就要进行实际的测量。

1. 成衣化批量生产规格设计

衣长：前衣长 =0.4h+6cm，短一点的西装可按0.4h+4cm，长一点的西装按0.4h+8cm。后衣长的标准为颈椎点高/2，可根据要求适当增减。

胸围：胸围 B=（净胸围）B^*+内衣厚度 +松量（0~12cm为贴体型、12~18cm为较贴体型、18~25cm为较宽松型、＞25cm为宽松型）。

肩宽：肩宽 S=0.3B+（12~14）cm，当胸围 B 比较大时取12cm，胸围 B 比较小取14cm。

袖长：袖长 SL=0.3h（身高）+（8~11)cm+ 垫肩厚度。

2. 高级定制西装规格设计（图5-21）

高级定制西装量体要求被测者要身穿衬衫，自然站立，呼吸均匀。

前衣长：从颈侧点垂直量至大拇指中节为一般标准，也可以根据需要酌情增减。

胸围：通过腋下在胸部最丰满处水平围量一周，根据穿着要求及服装风格加放松量，加放0~12cm为贴体型、加放12~18cm为较贴体型、加放18~25cm为较宽松型、加放＞25cm为宽松型。

肩宽：从左肩骨外端经过第七颈椎点量至右肩骨外端的距离为总净肩宽的尺寸，再根据服装风格适当加放松量。

袖长：从肩骨外端顺着胳膊量至手腕骨下 2cm 处为标准袖长，可根据需要适当增减。

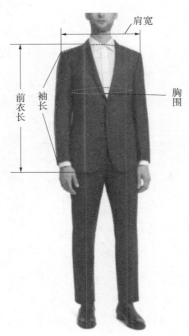

图5-21

二、男西装衣身结构平衡

1. 前、后片浮余量取值 前、后片浮余量的具体化是衣身平衡的关键，是结构设计具体运用的重要步骤。男装原型中的浮余量是胸围加放了16cm松量所取得的平均值，原型中的肩斜也是贴体肩斜。对于男西装而言，为了取得比较好的造型效果一般都要加垫肩。因此，前、后片浮余量会因胸围放量的变化和垫肩厚度的影响而产生变化（图5-22）。

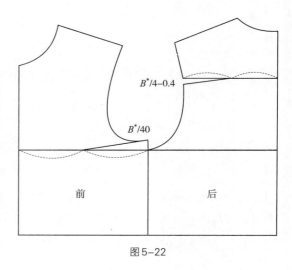

图5-22

前浮余量=原型前浮余量−垫肩量−松量的影响值

$$=B^*/40−垫肩厚−0.05（B−B^*−16）cm$$

$$=2.2cm−垫肩厚−0.05（B−104）cm$$

后浮余量=原型后浮余量−垫肩量−松量的影响值

$$=B^*/40−0.4cm−（0.7×垫肩厚）−0.02（B−B^*−16）cm$$

$$=1.8cm−（0.7×垫肩厚）−0.02（B−104）cm$$

2. 前、后浮余量的消除 前浮余量消除方法：前浮余量主要是通过撇胸和合并、起翘的方法进行消除（图5-23）。

后浮余量消除方法：后浮余量的消除方法一般有两种，第一种是后背缝为连折线，只需把2/3浮余量通过剪切拉展作为后肩缝的缩量进行消除，其余1/3作为袖窿的归缩量，两者都用工艺的方法处理。第二种为有背缝的服装，这样要把一部分浮余量通过剪切拉展作为后肩缝的缩量，用工艺方法进行消除，其余部分采用剪切合并的方式用版型结构进行消除（图5-24）。

三、男西装的衣身结构设计

男西装的衣身结构一般分为侧片分割的六片结构（图5-25）和侧片不分割的四片结构（图5-26）。衣身结构设计的步骤如下：

（1）首先根据计算，确定前、后片浮余量的大小，并对前、后片浮余量进行处理。

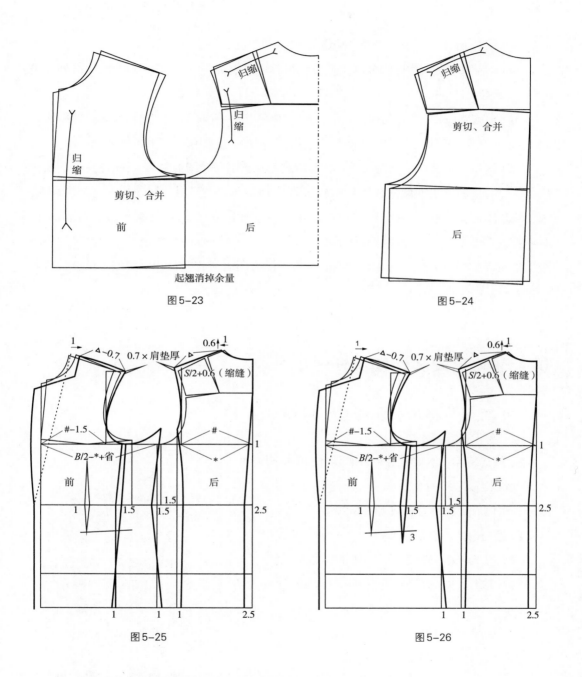

图5-23

图5-24

图5-25

图5-26

（2）根据垫肩的厚度调整前、后肩斜，并确定前、后小肩的大小。

（3）根据西装领的特点，开大前、后领口宽1cm，后领口深还要上抬0.6cm（面料的厚度）。

（4）确定前、后袖窿形状。

（5）分割后片，一般后背缝在胸围线处偏进1cm，后腰围线处偏进2.5cm，下摆收进2.5cm。后侧缝在袖窿处的分割位置一般距后背宽线0.7~1cm，侧缝在后腰围线处收进1.5cm，下摆收进1cm。

（6）前胸围=$B/2$－后片胸围分割量+1cm（袖窿省）。前胸省一般为0.8~1cm，侧缝省为1.5~2cm，侧缝收腰量为3cm。下摆侧片在前片分割线处重叠1cm，侧缝放出1cm。

（7）胸围、腰围、下摆的比例：H型西装衣身胸围与腰围的差为11cm左右，下摆比胸围大2cm左右，男西装六片衣身结构如图5-25所示。对于男西装四片衣身结构来说，因为侧片不需要分割，H型衣身结构在保持以上比例时，可把后片侧缝下摆处放出1cm进行调整，男西装四片衣身结构如图5-26所示。另外，对于T型结构版型来说，可适当减小前、后下摆进行调整。对于X型西装结构，则可同时对收腰量和下摆处放量进行适当调整。

第六节　男西装结构设计实例

一、平驳领单排两粒扣西装（H型）

1. **款式特点**　本款男西装为平驳领、单排两粒扣，六开片结构。左胸一个手巾袋，两侧各一个带盖的嵌线袋，整体衣身造型为H型（图5-27）。

2. **规格设计**（表5-1）

（1）衣长：本款衣身偏长，按$0.4h+8$cm。

（2）胸围：本款为较合体型，胸围的加放量为12~18cm。

（3）胸腰差：H型胸腰差为11cm。

（4）摆胸差：H型摆胸差为2cm。

（5）袖长：袖长SL=$0.3h$（身高）+（8~11）cm+垫肩厚度，本款的垫肩厚为1cm。

图5-27

表5-1　平驳领单排两粒扣西装（H型）规格表（170/88A）　　　　单位：cm

部位	衣长（L）	胸围（B）	肩宽（S）	袖长（SL）	袖口大（CW）	翻领（mb）	领座（nb）	领座侧角（αb）	垫肩厚
设计	0.4h+8	B^*+16	0.3B+14	0.3h+（8+1）	B/10+4	4	3	110°	1
规格	76	104	45.2	60	14	4	3	110°	1

3. 结构设计（图5-28）

（1）前浮余量 $=B^*/40-$垫肩厚 $-0.05（B-B^*-16）$cm$=1.2$cm，采用原型剪切合并增加撇门的方式进行消除。

（2）后浮余量 $=B^*/40-0.4-（0.7\times$垫肩厚$）-0.02（B-B^*-16）$cm$=1.1$cm，采用原型剪切拉展作为后肩缩缝。

（3）前、后肩抬高0.7cm（垫肩抬高量）。

（4）前领口宽加1cm，领口深加1.5cm（随造型）；后领口宽加1cm，领口宽点上台0.6cm（面料的厚度），领口深上抬0.3cm。

（5）后肩宽为$S/2+0.5$cm，前小肩小于后小肩0.7cm。

（6）后背宽为后肩点水平量进2cm，前胸宽=后背宽－1.5cm。

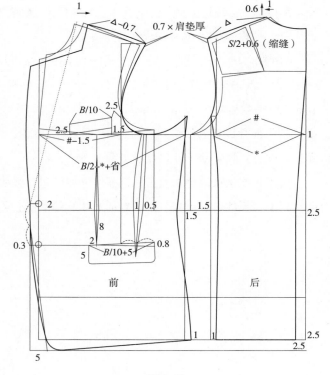

图5-28

（7）后背缝线在胸围线处偏进1cm、后腰围线处偏进2.5cm，下摆收进2.5cm。后侧缝线从后背宽外1cm的袖窿处作为分割点，中腰收进1.5cm，下摆与后侧缝线垂直辅助线平齐。

（8）前胸围大$=B/2+1$（侧省）－后胸围大。

（9）手巾袋设在胸围线以上，距前宽线2.5cm，袋口大为$B/10$、袋口宽为2.5cm，袋斜为1.5cm。

（10）胸省大为1cm，省尖对准手巾袋宽的中点、距胸围线5cm处。省中线与前中线平行，腰节线以下长度为8cm，与侧袋高度平齐。

（11）侧袋前端从胸省尖向止口方向2cm定点，袋口大为B/10+5cm，袋斜为0.8cm。

（12）侧省大为1cm，前端距前胸宽线为3cm左右，省中大1.5cm，省尖位于袋口大点与前胸宽线距离的1/2向下3cm处定点。

（13）前侧缝的上端与后袖窿分割点高度平齐，向外0.3cm。中腰收进1.5cm，下摆放出1cm。

（14）领子翻折线从领口宽点做水平线，根据领座宽3cm、翻领宽4cm、领座侧角110°确定翻折基点，领翻折起点为腰节线上2cm（第一粒纽扣的位置）处，驳头宽为8cm。

（15）第二粒纽扣位于腰节线下8cm处。

（16）前下摆止口为圆角，在前中线处偏进2.5cm并画圆顺。

（17）领子结构为驳角大4cm、领角大3cm、缺嘴大4.5cm。根据领座宽3cm、翻领宽4cm、领座侧角110°及mb−nb=1cm，绘制出后片领子下口弧线的形状，并测量出弧线长度。领子前片以翻折线为对称轴确定前领弧线位置，以后领弧长+0.3cm确定领子的外口弧线长度，并画顺领子外口弧线（图5−29）。

由于此配领法满足了领子外口弧线和领子里口弧线的长度，而领翻折线的线长度比实际领子上口弧线的长度要长1~1.2cm，对于一片领子来说，可以通过在领翻折线下方粘牵

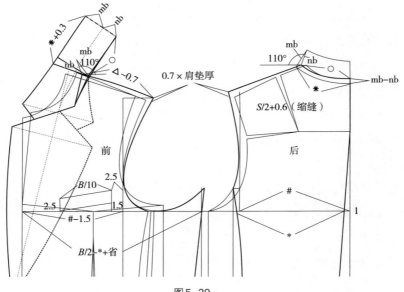

图5−29

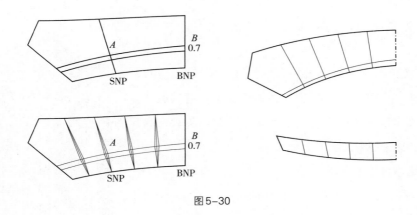

图5-30

带的方法使领面的折线部位归缩，以达到满意的效果。也可以通过分领座的方法进行处理（图5-30）。

（18）袖子的结构设计采用袖窿配袖的方式。先根据1/3袖窿弧长确定袖山高，接着确定袖子的长度。根据前胸宽线向袖窿方向移0.5cm确定偏袖线。从腰围线上抬1cm确定袖轴线。以偏袖线与袖窿弧线的交点A为基准点，从A点斜量至SP的弧线长度作为A—SP'的直线长度，确定袖山中点SP'。取后袖窿深的1/2水平线为后袖山高线，从袖山高SP'点斜量SP—B的弧线长度为SP'—B'的直线长度，确定后袖山斜线，并画顺大袖袖山弧线。偏袖宽2.5cm，在袖肘线处的凹势为1cm。从袖口的偏袖线处确定袖口大，袖口线上下斜度分别为1cm、1.5cm。大袖外侧缝线在后袖山至袖口大连线的袖肘线处外移2cm并画顺。小袖内侧缝线内偏2.5cm画顺至袖口前端，大袖后袖山水平偏进3cm为小袖弯点，并画顺小袖弯线。从小袖弯点、大袖外侧缝与胸围线的交点偏进2cm、大袖外侧缝与袖肘线距离的1/2至袖口连顺小袖外侧缝线（图5-31）。

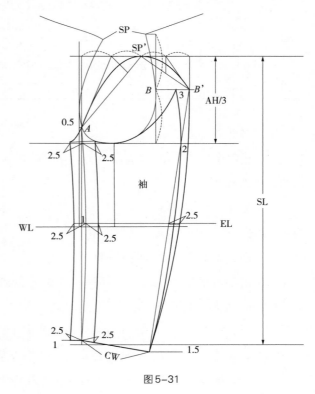

图5-31

二、平驳领单排两粒扣西装（X型）

1. 款式特点　本款男西装为平驳领、单排两粒扣，六开片结构。左胸一个手巾袋，两侧各一个带盖的嵌线袋，右侧又多设一个稍小的带盖嵌线袋，时尚美观，高雅。整体衣身造型为X型（图5-32）。

2. 规格设计（表5-2）

（1）衣长：本款衣身偏长，按0.4h+8cm。

（2）胸围：本款为较合体型，胸围的加放量为12~16cm。

（3）胸腰差：H型胸腰差为11cm，本款X型的胸腰差设计为13cm。

图5-32

（4）摆胸差：H型摆胸差为2cm，本款X型摆胸差设计为4cm。

表5-2　平驳领单排两粒扣西装（X型）规格表（170/88A）　　单位：cm

部位	衣长（L）	胸围（B）	肩宽（S）	袖长（SL）	袖口大（CW）	翻领（mb）	领座（nb）	领座侧角（αb）	垫肩厚
设计	0.4h+8	B^*+16	0.3B+14	0.3h+（8+1）	B/10+4	4	3	110°	1
规格	76	104	45.2	60	14	4	3	110°	1

3. 结构设计（图5-33）

（1）前浮余量$=B^*/40-$垫肩厚$-0.05（B-B^*-16）$cm$=1.2$cm，采用原型剪切合并增加撇门的方式进行消除。

（2）后浮余量$=B^*/40-0.4$cm$-（0.7×$垫肩厚$）-0.02（B-B^*-16）$cm$=1.1$cm，采用原型剪切拉展作为后肩缩缝。

（3）前、后肩抬高0.7cm（垫肩抬高量）。

（4）前领口宽开大1cm，领口深开大1.5cm（随造型）；后领口宽开大1cm，领口宽点上抬0.6cm（面料的厚度），领口深上抬0.3cm。

（5）后肩宽为S/2+0.5cm，前小肩小于后小肩0.7cm。

（6）后背宽为后肩点水平量进2cm，前胸宽=后背宽-1.5cm。

（7）后背缝线在胸围线处偏进1cm、后腰围线处偏进2.5cm、下摆收进2.5cm。后侧缝

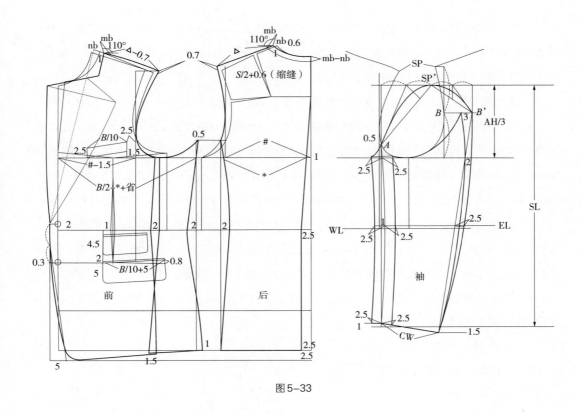

图 5-33

线从后背宽外 1cm 的袖窿处作为分割点，中腰收进 2cm，下摆与后侧缝线垂直辅助线平齐。

（8）前胸围大 = $B/2+1$（侧省）-后胸围大。

（9）手巾袋设在胸围线以上，距前胸宽线 2.5cm，袋口大为 $B/10$，袋口宽为 2.5cm，袋斜为 1.5cm。

（10）前胸省大为 1cm，省尖对准手巾袋宽的中点、距胸围线 5cm 处。省中线与前中线平行，腰节线以下长度为 8cm，与侧袋高度平齐。

（11）侧袋前端从胸省尖向止口方向 2cm 定点，袋口大为 $B/10+5$，袋斜为 0.5cm。

（12）侧小袋的袋盖宽 4.5cm，袋口大 $B/10+1$cm，袋盖底边距大袋 2cm，斜度与大袋平行。

（13）侧省大为 1cm，前端距前胸宽线 3cm 左右，省中大 2cm，侧片下摆与前片下摆交叉 1.5cm。

（14）前侧缝的上端与后袖窿分割点高度平齐，向外 0.3cm。中腰收进 2cm，下摆放出 1cm。

（15）领翻折线从领口宽点做水平线，根据领座宽3cm、翻领宽4cm、领座侧角110°确定翻折基点，领翻折起点为腰节线上2cm（第一粒纽扣的位置）处，驳头宽为8.5cm。

（16）第二粒纽扣位于腰节线下8cm处。

（17）前下摆止口为圆角，在前中线处偏进2.5cm并画圆顺。

（18）袖子的结构设计采用袖窿配袖的方式。先根据1/3袖窿弧长确定袖山高，接着确定袖子的长度。根据前胸宽线向袖窿方向移0.5cm确定偏袖线。从腰围线上抬1cm确定袖轴线。以偏袖线与袖窿弧线的交点A为基准点，从A点斜量至SP的弧线长度作为A—O的直线长度，确定袖山中点O。取后袖窿深的1/2水平线为后袖山高线，从袖山高O点斜量SP—B的弧线长度为O—B'的直线长度，确定后袖山斜线，并画顺大袖袖山弧线。偏袖宽2.5cm，在袖肘线处的凹势为1cm。从袖口的偏袖线处确定袖口大，袖口线上下斜度分别为1cm、1.5cm。大袖外侧缝线在后袖山至袖口大连线的袖肘线处外移2.5cm并画顺。小袖内侧缝线内偏2.5cm画顺至袖口前端，大袖后袖山水平偏进3cm为小袖弯点，并画顺小袖弯线。从小袖弯点、大袖外侧缝与胸围线的交点偏进2cm、大袖外侧缝与袖肘线距离的1/2至袖口连顺小袖外侧缝线。

（19）领子结构为驳角大4cm、领角大3cm、缺嘴大4.5cm。根据领座宽3cm、翻领宽4cm、领座侧角110°及mb-nb=1cm，绘制出后片领子外口弧线的形状，并测量出弧线长度。领子前片以翻折线为对称轴确定前领弧线位置，以后领弧长+0.3cm确定领子的外口弧线长度，并画顺领子外口弧线（图5-34）。

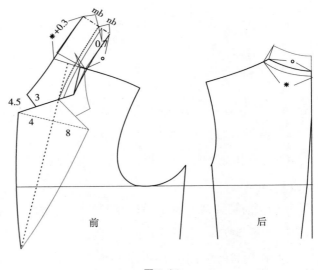

图5-34

三、戗驳领双排六粒扣男西装（T型）

1. 款式特点　本款男西装为戗驳领、双排六粒扣、六开片结构。左胸一个手巾袋，两侧各一个带盖的嵌线袋，整体衣身造型为T型（图5-35）。

2. 规格设计（表5-3）

（1）衣长：本款衣身偏长，按0.4h+8cm。

（2）胸围：本款为较宽松型，胸围的加放量为20cm。

（3）胸腰差：H型胸腰差为11cm，本款T型造型胸腰差设计为10cm。

（4）摆胸差：H型摆胸差为2cm，本款T型造型摆胸差设计为-2cm。

图5-35

表5-3　戗驳领双排六粒扣西装（T型）规格表（170/88A）　　单位：cm

部位	衣长（L）	胸围（B）	肩宽（S）	袖长（SL）	袖口大（CW）	翻领（mb）	领座（nb）	领座侧角（αb）	垫肩厚
设计	0.4h+8	B^*+20	0.3B+14.8	0.3h+（8+1）	B/10+3	4	3	110°	1
规格	76	108	47.2	60	13.8	4	3	110°	1

3. 结构设计（图5-36）

（1）本款采用比例制图的形式，后领口宽为0.8B/10，前领口宽为前胸宽的1/2（已包含撇胸量）。

（2）前肩斜为19°，后肩斜取20°（包含1cm垫肩的厚度）。

（3）本款双排扣戗驳领男西装为T型结构，因此，在肩宽和胸围上的放量要适当增加，相比较H型西装的肩宽增加了2cm，胸围增加了4cm。

（4）收腰量减小为10cm，前片胸省收1cm、侧片分割收掉2cm，侧缝收掉2cm，后中缝收进2.5cm。

（5）本款T型结构下摆要适当减小，H型摆胸差为2cm，本款的摆胸差设计为-2cm。具体为前侧片与前片没有重叠量，侧片下摆不外放，后中下摆处收进3.5cm。

（6）肚省的结构设计采用剪切拉展的方式，使胸省省根外放0.8cm。

（7）双排扣的搭门宽为8cm，搭门宽是一个变量，以右片重叠止口距左片袋口前2cm为限度，因此，双排扣的搭门宽一般设计范围以6~10cm为宜。

（8）戗驳领的驳头宽8.5cm，驳头宽与串口线交点的垂线上4.5cm，驳角大7cm。

（9）袖子结构设计为袖山高AH/3+1cm。A点为袖窿与袖山弧线的交叉点，取A'O=A—SP弧长确定袖山中点O，取O—B'，直线长度=SP—B的弧长确定后袖山高点B'。袖身采

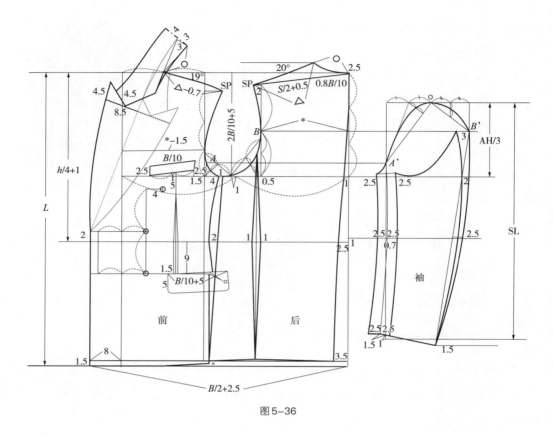

图5-36

用弯身袖设计，偏袖线在袖肘处收进0.7cm，袖口处偏出1.5cm，大小袖的偏袖量为2.5cm。大袖外侧缝线在袖肘线处偏出2.5cm并画顺。小袖外侧缝线在大袖袖肥处偏进2cm，在袖肘线处偏进1.25cm并画顺。

（10）领子结构设计为领座3cm，翻领为4cm，领翘为3cm，领角大为4.5cm。

四、青果领单排扣男西装（X型）

1. 款式特点　青果领男西装也称为塔士多礼服西装，三开身结构，X型造型。青果领一般用缎面制作，与之配套穿着的为礼服衬衫，系领结。该款式一般在正式宴会上穿着，显得高雅、庄重（图5-37）。

图5-37

2. 规格设计（表5-4）

青果领男西装修身合体，因此，在围度加放上不宜太多，胸围加放量为14cm。为了穿着干练，衣长不宜太长，以适中为宜，长度设计为0.4h+4cm。衣身的胸腰差设计为13cm，摆胸差设计为4cm。

表5-4　青果领单排扣西装（X型）规格表（170/88A）　　　　单位：cm

部位	衣长 （L）	胸围 （B）	肩宽 （S）	袖长 （SL）	袖口大 （CW）	翻领 （mb）	领座 （nb）	领座侧角 （αb）	垫肩厚
设计	0.4h+4	B*+14	0.3B+14	0.3h+（8+1）	B/10+4	4	3	110°	1
规格	72	102	45	60	14	4	3	110°	1

3. 结构设计（图5-38）

（1）腰节线高度为上平线下量h/4+1cm，袖窿深从上平线下量2B/10+5cm。

（2）领口设计为后领口宽0.8B/10、后领口深为2.5cm；前领口宽等于1/2前胸宽加1.5cm，前领口深为7cm，串口线的斜度为前领口深的1/3。

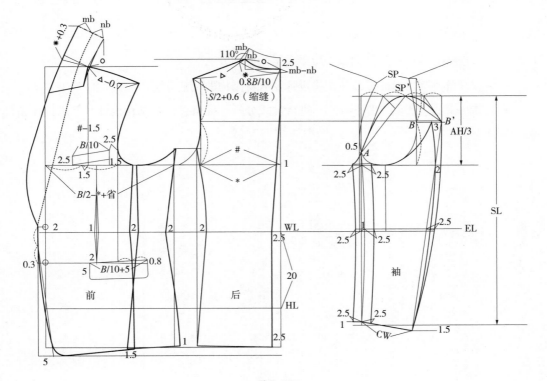

图5-38

（3）前肩斜取20°、后肩斜取22°；后肩宽为S/2+0.5cm，前小肩比后小肩小0.7cm。

（4）后中缝线在胸围线处偏进1cm、中腰收进2.5cm、下摆收进2.5cm，侧缝在中腰收进2cm、下摆与辅助线平齐。

（5）前片收胸省1cm、侧片分割线在中腰收进2cm，侧片在侧缝中腰收进2cm。

（6）青果领属于翻折领，领子的外口弧线与驳头的外口弧线连顺形成青果造型。在设计时，要先绘制领子部分，确定好翘度后再将外口弧线连顺到翻折起点。

（7）袖子设计为袖山高AH/3,分别以A点至SP点和SP点至B点的弧线长度确定A'点至O点及O点至B'点，画顺大袖袖山弧线。偏袖宽2.5cm，在袖肘线处凹势1cm。从袖口的偏袖线处确定袖口大，袖口线上下斜度分别为1cm、1.5cm。大袖外侧缝线在后袖山至袖口大连线的袖肘线处外移2.5cm画顺。小袖内侧缝线内偏2.5cm并画顺至袖口前端，大袖后袖山水平偏进3cm为小袖弯点，并画顺小袖弯线。从小袖弯点、大袖外侧缝与胸围线的交点偏进2cm、大袖外侧缝与袖肘线距离的1/2至袖口连顺小袖外侧缝线。

思考与练习

1. 简述不同风格西装版型的特点。

2. 深入理解男西装衣身结构前、后浮余量的处理方法。

3. 深入理解不同版型的男西装规格设计及衣身结构的调整方法。

4. 任选一款夹克西装（图5-12），进行款式分析、规格设计及结构设计，要求结构正确、标注全面。

第六章

男马甲款式与版型设计

第一节　男马甲概述

马甲，又称为马夹，原意是指马的护身甲，也称为干贝、江珧肉柱等，方言称为"背心"，是一种没有袖子的上衣。最初的马甲主要是指和西装配套穿着的，随着时代的发展，马甲的款式变化繁多，样式不断翻新，可以说将马甲定义为"无袖的外套"也不为过。

根据马甲穿着的形式可以分为内穿马甲和户外马甲。内穿马甲主要是指与西装、礼服配套穿着的马甲，这类马甲更多的是体现穿着的层次。户外马甲主要是指穿在衬衫、T恤、羊毛衫外面的马甲，这类马甲在体现穿着层次的基础上，更多的是体现"保暖"的功能。这类马甲有类似西装款型的普通马甲、户外休闲穿着的休闲马甲以及主要体现保暖作用的各类棉马甲等。还有一类外穿马甲具有标志作用，如厂矿企业员工穿的马甲、超市营业员穿着的马甲、酒店服务生穿着的马甲，这类马甲采用不同颜色的面料及图案、文字等符号装饰，以表现身份、烘托企业文化。

从设计的角度来看，西装、礼服的马甲均为短马甲，变化主要在前襟、领型、后背、开衩等方面，在围度方面要求紧身合体，表现男人的干练、内涵。普通马甲是在西装马甲款式上衍生出来的款型，设计方面更加随意、彰显个性，变化主要体现在分割线、口袋等方面。休闲马甲可以说是从"背心"演变而来的款型，考虑到休闲时外穿，因此口袋的设计成为要点，更多是体现服装的功能性。棉马甲是冬季外穿的款型，在设计方面更多考虑内胆的厚度、缉线的形式，门襟以及长短的变化等。具有标志性作用的马甲，虽不讲究合体美观，但在设计方面更多是考虑图案、文字符号等位置的设计。

第二节　男马甲版型设计实例

一、男西装马甲

1. 款式特点　西装马甲是与西装配套穿着的马甲，四开身结构，V型领口，单排4~5粒纽扣，左胸上设计一个手巾袋，右胸上也可以设计一个手巾袋与之对称，前腰两侧各设一个有袋牙的嵌线袋。为了合体，前、后均设计腰省。西装马甲的形式一般分为两种，一种可以在衬衫外单穿，属于普通西装马甲，这种马甲前、后均采用西装面料，两侧不需开衩，领口为普通的V型领。和西装组成三套件的马甲后背一般采用西装的里子面料，两侧有小开衩，V型领口上有1.5cm的小领子，使马甲显得更加高档（图6-1）。

图6-1

2. 规格设计（表6-1）

（1）衣长：马甲属于短装，前长的设计是以人坐着的高度为依据，一般为马甲的前襟刚好到大腿面，后片的长度是以盖住皮带宽度为宜。因此，马甲的后长可按腰节下8~10cm为宜，前襟的长度比后片长8cm左右。

（2）胸围：马甲属于合体型服装，因此，胸围的加放量以8~10cm为宜。

（3）肩宽：马甲属于无袖结构，小肩宽为西装肩宽的2/3，一般取净寸8~10cm。

表6-1　西装马甲规格设计（170/88A）　　　　　　　　　　　　　单位：cm

部位	前衣长（L）	胸围（B）	小肩宽（S）
规格	60	98	9

3. 结构设计（原型法）

（1）为使衣身结构平衡，原型胸省合并1.2cm，剩余1cm作为下放量。后片浮余量通过剪切合并1cm，后中收进2.5cm进行消除。

（2）前、后领口宽均开大1cm。

（3）袖窿深在原型基础上开深3cm。

（4）前胸围大为$B/4-1$cm，后胸围大为$B/4+1$cm。

（5）前胸腰省收1.5cm，侧缝收进1cm；后腰省收2cm，侧缝收进1cm，后背中缝收进2.5cm。这样实际的胸腰差为14cm。即为实际的腰围78cm加上6cm的放松量。

（6）前胸袋大$B/10-1$cm，袋口宽为2cm，袋口斜度为1.5cm；前腰袋大为$B/10+2$cm，袋口宽为2.5cm，袋口斜度为2cm（图6-2）。

三套件西装马甲比较讲究，和普通西装马甲相比较，有三个方面需要调整，如图6-3所示。

（1）领口：前、后领口宽需要开大1cm，但前领口领子宽为1.5cm。

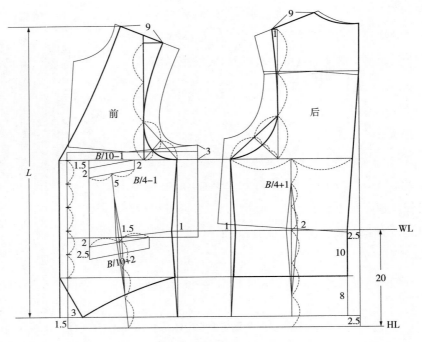

图6-2

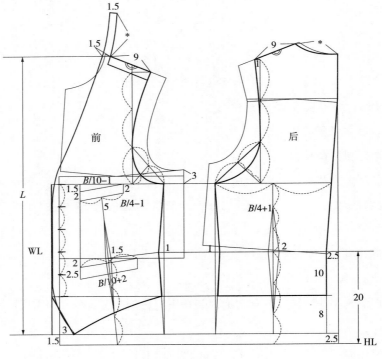

图6-3

（2）肩部：前小肩应平行分割2cm，纸样拼接在后小肩上，这样使马甲更具有立体感。

（3）侧开衩：侧开衩设计是三套件马甲设计的一个特色，后片长度为腰节线下13cm，比前片侧缝长3cm，这样前开衩的长度为4cm、后开衩的长度为7cm。

二、平驳领单排扣男马甲

1. 款式特点　平驳领单排扣马甲属于单穿的时尚马甲，领子为小西装领，驳头为窄驳头。前片腰部两侧各一个带盖的嵌线袋，右侧设计了一个嵌线袋。这款马甲的前后身均采用本色面料，后中腰处可设计腰襻进行收腰。门襟为单排6粒扣（图6-4）。

图6-4

2. 规格设计（表6-2）

（1）衣长：同西装马甲的衣长，后衣长可为腰节下8~10cm。

（2）胸围：本款马甲为合体型，胸围的加放量为10~12cm。

（3）肩宽：无袖结构，马甲的小肩宽为8~10cm。

表6-2　平驳领单排扣马甲规格设计（170/88A）　　　　单位：cm

部位	前衣长（L）	胸围（B）	小肩宽（S）
规格	60	100	9

3. 结构设计（比例法）（图6-5）

（1）后领口深比前上平线高1.5cm。

（2）前领口宽为$B/10$，前领口深为6cm；后领口宽为$B/10-1$cm，后领口深为2.3cm。

（3）袖窿深为$2B/10+6$cm。

（4）前胸围大为$B/4-1$cm，后胸围大为$B/4+1$cm。

（5）前肩斜取22°，后肩斜取20°。

（6）后背宽为肩点进1cm，前胸宽为后背宽-1cm。

（7）领子后中宽为6.5cm，其中领座宽为2.7cm，翻领宽为3.8cm。领角大为3.3cm。

（8）驳头宽为6cm，驳角大为3.5cm。

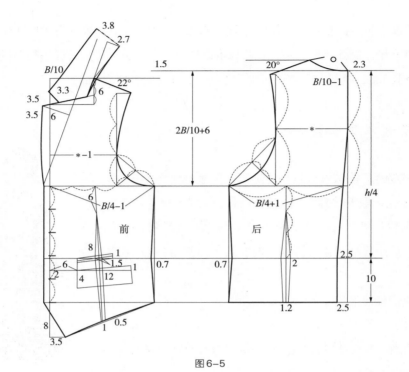

图6-5

三、戗驳领双排扣男马甲

1. 款式特点　戗驳领双排扣马甲属于单穿的时尚马甲，领子为小西装领，驳头为窄驳头。前片腰部两侧各有一个嵌线袋，这款马甲前、后身均采用本色面料，后中腰处可设计腰襻进行收腰。门襟为双排扣，纽扣为两粒六扣（图6-6）。

2. 规格设计（表6-3）

（1）衣长：同西装马甲的衣长，后衣长可为腰节下8~10cm。

（2）胸围：本款马甲为合体型，胸围的加放量为10~12cm。

（3）肩宽：无袖结构，马甲的肩宽为8~10cm。

图6-6

表6-3　戗驳领双排扣马甲规格设计（170/88A）　　　　　　　　单位：cm

部位	前衣长（L）	胸围（B）	小肩宽（S）
规格	60	100	10

3. 结构设计（比例法）

（1）后领口深比前上平线高1.5cm。

（2）前领口宽为B/10，前领口深为6cm；后领口宽为B/10-1cm，后领口深为2.3cm。

（3）袖窿深为2B/10+6cm。

（4）前胸围大为B/4-1cm，后胸围大为B/4+1cm。

（5）前肩斜取22°，后肩斜取20°。

（6）后背宽为肩点进1cm，前胸宽为后背宽-1cm。

（7）双排扣搭门的宽度为6cm。

（8）驳头宽为7.5cm，驳角大为5.5cm。

（9）领子后中宽为7cm，其中领座宽为3cm，翻领宽为4cm，领角大为3.5cm（图6-7）。

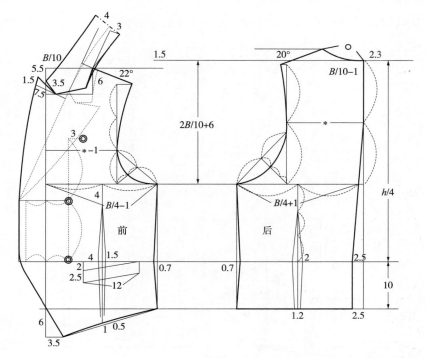

图6-7

四、晨礼服马甲

1. 款式特点 晨礼服马甲是与晨礼服配套穿着的马甲，驳头为青果领造型；门襟一般设计为双排扣六粒扣，前襟下摆为直摆，面料以黑色为主（图6-8）。

2. 规格设计（表6-4）

（1）衣长：晨礼服马甲衣长至腰节线下8~10cm为宜。

（2）胸围：晨礼服马甲为合体型风格，胸围的加放量为8~12cm。

（3）肩宽：小肩宽设计一般为8~10cm。

图6-8

表6-4　晨礼服马甲规格设计（170/88A）　　　单位：cm

部位	衣长（L）	胸围（B）	小肩宽（S）
规格	50	100	10

3. 结构设计要点 本款马甲采用比例制图法，领口宽、肩斜、袖窿深、省位、袋位的确定方法均同戗驳领马甲。驳头的确定方法是先定翻折线，然后在衣身上绘制驳头形状，以对称法完成衣身驳头设计（图6-9）。

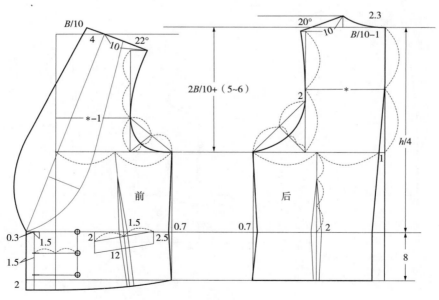

图6-9

五、燕尾服马甲

1.款式特点　燕尾服马甲属于晚礼服背心，领口采用U型领口，单排三粒扣，衣身偏短，前腰两侧各有一个单嵌线口袋，两侧不需要开衩（图6-10）。

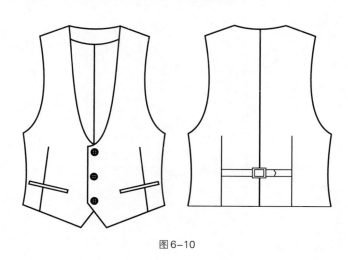

图6-10

2.规格设计（表6-5）

（1）衣长：后衣长为腰节线下6cm左右，前衣片长度比后衣片长度长6cm。

（2）胸围：燕尾服马甲属于贴体型风格，胸围加放量为6~8cm。

（3）肩宽：肩宽设计比较保守，一般小肩宽为8cm左右，不宜太宽。

表6-5　燕尾服马甲规格（170/88A）　　　　　　　　　　　单位：cm

部位	衣长（L）	胸围（B）	小肩宽（S）
规格	54	96	8

3.结构设计要点（图6-11）　燕尾服马甲在结构上主要注意以下几个方面：

（1）袖窿要适当开深，可按$2B/10+$（5~8）cm，计算，也可在西装马甲袖窿的基础上再开深3cm。

（2）U型领口开深量要大，设计要美观。

（3）前、后腰省设计可按西装马甲长度设计，再根据衣身长度截短。

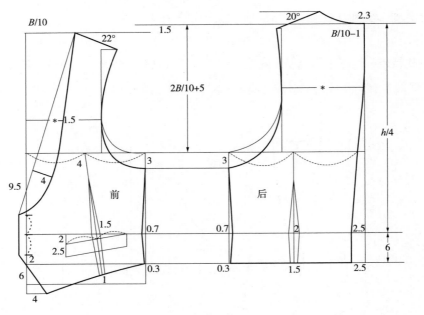

图6-11

六、简易燕尾服马甲

简易燕尾服马甲是现代燕尾服背心常采用的一种形式，款式更为简单，后身的大部分都去掉做简化处理，后腰不设腰省，腰部以系扣的形式进行收腰。前片肩部简化为3cm，延长后领口长度并连接。前片腰部一般只设腰省，口袋也可以去掉，但在V型领口上加了小青果领或小方领后，可以突出前身的造型。简易燕尾服马甲衣长更短，后片长度仅以盖住皮带为宜。前片下摆尖角放出6cm左右，门襟为单排三粒扣（图6-12）。

结构设计可在燕尾服马甲纸样的基础上进行变化，如图6-13所示。

（1）开深袖窿深，可开深

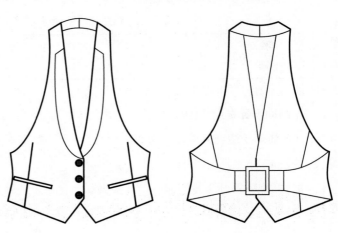

图6-12

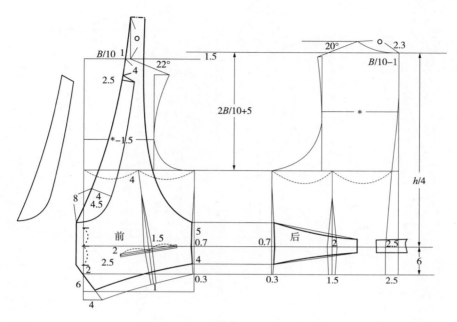

图6-13

到腰节线以上5cm处。

（2）前领口宽减小1cm，领子和肩部总宽度为3cm，延长后领口长度。

（3）在V型领口上设计小青果领。

七、塔士多礼服马甲

塔士多礼服马甲有单排扣和双排扣两种形式，单排扣马甲的领子为双刀领（图6-14），双排扣马甲的领子为青果领（图6-15）。马甲的长度都比较短，与燕尾服马甲结构不同的主要是领子上的变化（图6-16）。

图6-14

图6-15

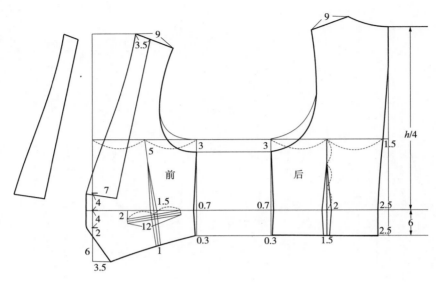

图6-16

八、调和马甲

　　调和马甲是一款综合式马甲（图6-17），该款马甲既可以和西装配套穿着，也可以在衬衫外单穿。在结构上继承了西装马甲的小领子结构，在口袋的形式上和西装马甲相比有了较大的变化，左、右胸袋一般为西装马甲的手巾袋形式，左、右腰袋为有带盖的口袋。另外腰部设计了一条弧形分割线，分割线上部保留了胸省设计，分割线下部进行了腰省的合并形成一个整体，由于口袋盖要缝制在分割线中，因此口袋的位置要适当下移，其结构设计如图6-18所示。

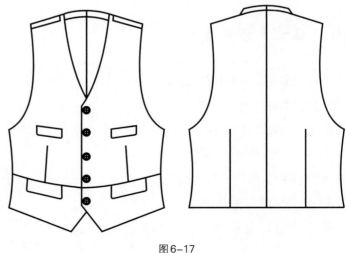

图6-17

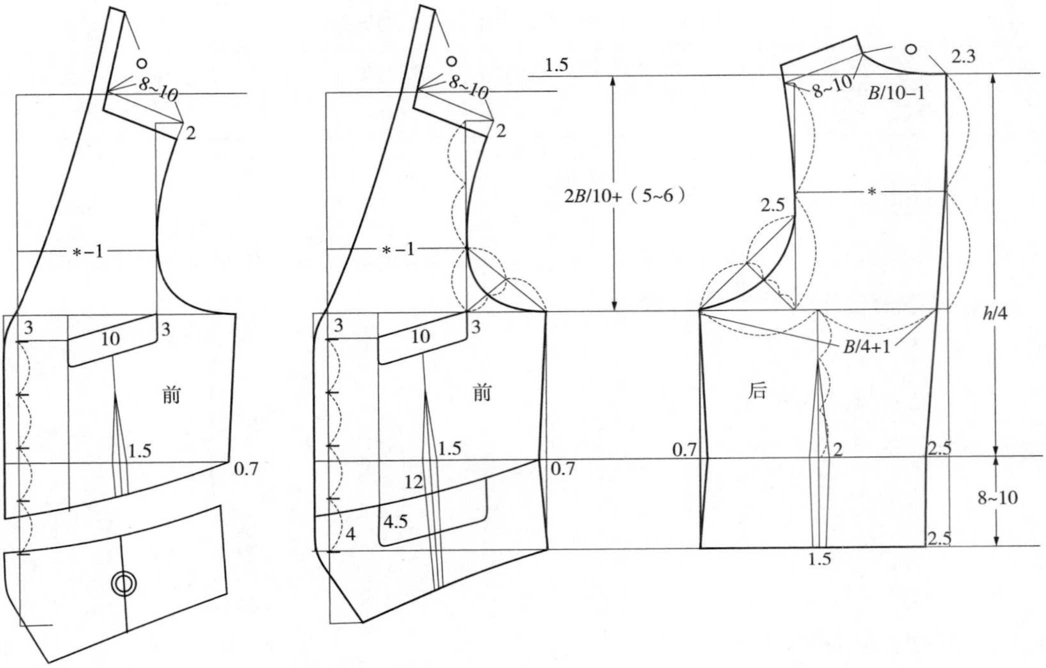

图6-18

九、功能马甲

1. 款式特点　功能马甲主要指人们在休闲、旅游时穿着的马甲，这类马甲的特点是口袋比较多，可以携带很多随身物品，体现了马甲的实用功能。为了穿脱方便，前襟一般设计为装拉链，口袋也多用明贴袋、立体口袋等设计形式，口袋盖采用尼龙搭扣固定。同时还设计一些小口袋，开口采用拉链。为了收腰，后腰处可设计腰带进行收小（图6-19）。

2. 规格设计（表6-6）　功能马甲一般为直身式较宽松结构。

（1）胸围：胸围的加放量为24~30cm。

（2）衣长：衣长一般要到臀围线或臀围线以下。

（3）肩宽：功能马甲的肩宽可按净肩宽设计。

图6-19

表6-6　功能马甲规格设计（170/88A）　　　　　　　　　　　　　　单位：cm

部位	衣长（L）	胸围（B）	肩宽（S）
规格	65	118	42

3.结构设计

（1）为使衣身平衡，前浮余量2.2cm，采用腰节线下放出1cm和袖窿开深1.2cm进行处理。后浮余量作为袖窿的松量（图6-20）。

（2）前领口宽为B/10，后领口宽为B/10-1cm。

（3）前肩斜为20°，后肩斜为19°。

（4）袖窿深为2B/10+6cm，也可以在原型袖窿深的基础上开深3~5cm。

（5）前胸围大为B/4-0.5cm，后胸围大为B/4+1cm（图6-21）。

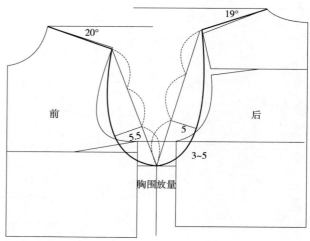

图6-20

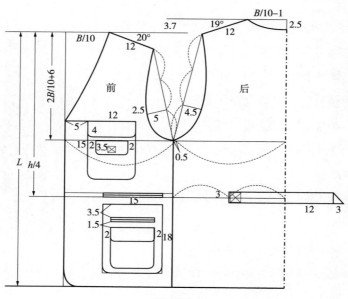

图6-21

十、牛仔休闲马甲

1. **款式特点**　牛仔马甲是青年人喜欢穿着的休闲马甲，是牛仔夹克和马甲的结合形式，牛仔马甲多采用明贴袋、铆扣、铜拉链等进行装饰，分割双明线的缉线设计更显得粗犷、有力量感。本款牛仔马甲袖窿和下摆均采用罗纹设计，显得精悍、洒脱（图6-22）。

图6-22

2. **规格设计**（表6-7）

（1）胸围：牛仔马甲为较宽松型风格，胸围的加放量一般为18~24cm。

（2）衣长：牛仔马甲不宜太长，长度一般在腰节下20cm左右。

（3）肩宽：牛仔马甲的肩宽应比净肩宽小4cm左右，小肩宽一般为12~15cm。

（4）领围：本款马甲为立领设计，领围可按净围加放5~6cm的放松量。

表6-7　牛仔马甲规格设计（170/88A）　　　　　　单位：cm

部位	衣长（L）	胸围（B）	肩宽（S）	领围（N）
规格	63	108	42	42

3. **结构设计**（比例法）

（1）为使衣身平衡，前浮余量2.2cm，采用腰节线下放1cm和袖窿开深1.2cm进行处理；后浮余量作为袖窿的松量。

（2）领口设计为前领口宽$N/5-0.3$cm，前领口深为$N/5+1$cm；后领口宽为$N/5$，后领口深为2.5cm。

（3）前肩斜为20°、后肩斜为19°。

（4）袖窿深为$2B/10+$（5~6）cm。

（5）前胸围大为$B/4-0.5$cm，后胸围大为$B/4+0.5$cm。

（6）由于前门襟为拉链设计，考虑到拉链的宽度，因此，前中应缩进0.5cm（拉链宽度为1cm）。

（7）贴袋设计，小袋袋口大为11cm、深为14cm；大袋袋口大为15cm、深为18cm（图6-23）。

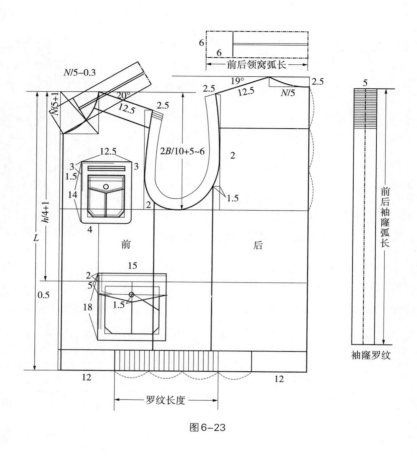

图6–23

十一、棉马甲

1. 款式特点　棉马甲也称为绗缝马甲，指在面里料之间要加入棉絮夹层，为了固定而在面料上做绗缝工艺。绗缝线道不仅是一种装饰，同时也在表面形成肌理，使服装更具立体感。现如今，棉马甲越来越时尚化，深得年轻人的喜爱（图6–24）。

2. 规格设计（表6–8）　棉马甲属于较宽松型风格。

（1）胸围：加放量为24~30cm。

（2）衣长：可适当偏长一点，这样保暖性更优。

（3）肩宽：可根据款式要求设定，一般控制在12~14cm即可。

图6–24

表6-8 棉马甲规格设计（170/88A）　　　　　　　　　　　　　　　单位: cm

部位	衣长（L）	胸围（B）	肩宽（S）	领围（N）
规格	66	112	42	42

3. 结构设计（比例法）

（1）衣身平衡：前浮余量2.2cm，采用腰节线下放1cm和袖窿开深1.2cm进行处理；后浮余量作为袖窿的松量。

（2）领口设计：前领口宽为N/5-0.3cm，前领口深为N/5+1cm；后领口宽为N/5、后领口深为2.5cm。

（3）肩斜：前肩斜为19°，后肩斜为18°。

（4）袖窿深：2B/10+（5~6）cm。

（5）胸围：前胸围大为B/4-0.5cm，后胸围大为B/4+0.5cm。

（6）门襟：由于前门襟为拉链设计，考虑到拉链的宽度，因此，前中应缩进0.5cm（拉链宽度为1cm）。

（7）绗缝线道设计：绗缝线道要注意分配均匀和前后对应（图6-25）。

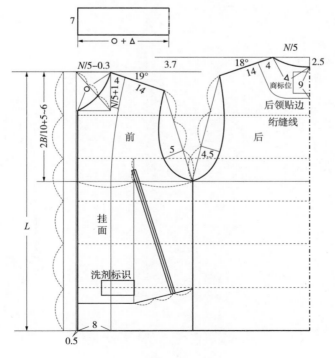

图6-25

思考与练习

1. 了解不同风格马甲的款式特点、规格设计及结构设计。

2. 设计一款休闲马甲，并进行款式特点分析、规格设计及结构设计。

第七章

男大衣、风衣款式与版型设计

第一节 现代男大衣的风格及分类

现代男装的起源要追溯到18世纪末的法国大革命时期，众所周知，法国大革命前的社会是一个等级森严的社会，享有特权的教士、贵族和第三等级之间泾渭分明，存在着不可逾越的鸿沟。服饰是区别社会等级划分的外在标志，服饰自然而然地分成了贵族服饰和平民服饰。贵族服饰采取华丽繁复的风格来强化外表上的差异，这种不合时宜的奢侈进一步加剧了人们对这种等级本身存在合理性的质疑。大革命摧毁了贵族的统治，使具有巴洛克风格和女人味的华丽贵族服装销声匿迹（图7-1），简洁的平民服装很快流行起来，进而成为现代男装的雏形（图7-2）。现代男装的形成时间大概为19世纪中叶，20世纪初传入我国，80年代逐渐在我国普及。

图7-1   图7-2

现代男装大衣也经历了斜襟大衣、双排扣大衣、箱型大衣和插肩袖大衣等演变过程。随着时代的变迁，大衣的风格也发生了很大的变化。

一、风格分类

礼仪性大衣：柴斯特大衣（Chesterfield Coat）和波鲁外套（Polo Coat）。

通用性大衣：巴尔玛外套（Bal-collar），具有风衣元素的堑壕外套。

休闲式大衣：达夫尔外套（Duffle Coat）。

时尚型大衣：现今流行的时尚型外套。

二、衣身造型分类（图7-3）

1. **X型造型** 放松量较小，穿着合体，收腰略放摆，多采用三开身结构，注重省道处理，趋向西装的曲线结构，礼仪性大衣及时尚大衣多采用此造型。

2. H 型造型　放松量略大，造型以箱型为主，整体结构完整，多采用无省直线结构，局部设计更加灵活，强调实用功能。

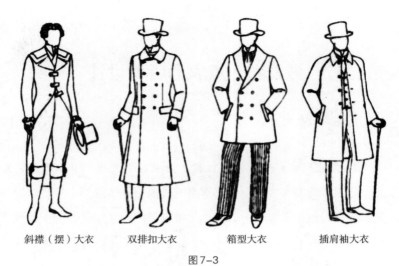

斜襟（摆）大衣　　双排扣大衣　　箱型大衣　　插肩袖大衣

图 7-3

三、袖子造型分类

1. **两片袖**　采用西装两片袖结构。

2. **三片袖**　采用西装两片袖基本结构，并从大袖中线处进行分割。

3. **插肩袖**　分为普通型两片插肩袖、前圆后套式插肩袖和前套后圆式插肩袖等。

四、领型分类

1. **普通翻领**　由于大衣面料较厚，因此翻领都要进行分领座处理。

2. **立领**　分为普通立领和前扣式立领，在现代时尚大衣中经常采用立领设计。

3. **翻驳领**　分为平驳领、戗驳领和登驳领等几种形式。

五、门襟设计

1. **单排扣**　分为明门襟和暗门襟两种，搭门的宽度一般为4cm。

2. **双排扣**　一般为双排六粒扣，有两粒扣和扣三粒扣之分，搭门的宽度一般为8~12cm。

第二节　男大衣、风衣的版型设计

一、柴斯特大衣

1. **款式特点**　柴斯特大衣属于第一礼服大衣，整体造型为X型，能够显示男性的魅力，分为传统型、中庸型和郑重型三种风格。传统型为单排暗门襟、平驳领造型，一般翻领面加有黑色天鹅绒。中庸型也是单排暗门襟，但领子为小戗驳领造型。郑重型为双排六粒扣（扣两粒扣）。传统型和中庸型柴斯特大衣采用三开身结构，不开侧片。郑重型大衣采用三开身结构，侧片开片（图7-4）。

2. **规格设计（表7-1）**　柴斯特大衣整体为X型造型，要求紧身合体，因此，围度的加放量不宜太大。

（1）胸围：柴斯特大衣为较宽松结构，常与塔士多礼服、黑色套装搭配组合，考虑到穿着的层次，胸围的加放量为24~28cm。

（2）衣长：柴斯特大衣为长款型大衣，长度一般在膝盖以下、小腿中部以上的位置，可按0.6h+（6~8）cm、也可按腰节线下加长60~70cm设计。

（3）袖长：0.3h+12cm。

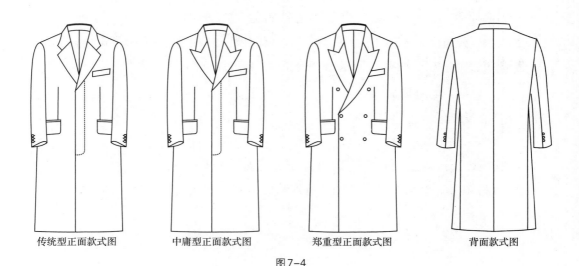

传统型正面款式图　　　　中庸型正面款式图　　　　郑重型正面款式图　　　　背面款式图

图7-4

表7-1　柴斯特大衣规格设计（170/88A）　　　　单位：cm

部位	衣长（L）	胸围（B）	肩宽（S）	袖长（SL）	翻领宽（mb）	领座宽（nb）
规格	108	112	48	63	4	3

3. 结构设计（原型法）

（1）原型前、后浮余量取值（图7-5）：

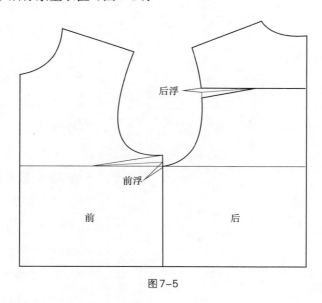

图7-5

前浮余量=前浮余量理论值-垫肩量-松量的影响值

$$=B^*/40-1-0.05（B-B^*-16）$$

$$=2.2-1-0.4$$

$$=0.8（cm）$$

后浮余量=后浮余量理论值-肩垫量-松量的影响值

$$=（B^*/40-0.4）-0.7×1-0.02（B-B^*-16）$$

$$=1.8-0.7-0.16$$

$$=0.94（cm）$$

（2）前、后浮余量的消除方法：前浮余量采用省量折叠增加撇胸进行处理，后浮余量采用纸样剪切增加后肩缩缝量进行处理（图7-6）。

（3）围度加放：原型中的胸围已经加了16cm的放松量，成品胸围需要增加8cm放松量。采用前中线外加0.5cm、后中线外加1cm、侧缝总共加2.5cm进行处理（图7-7）。

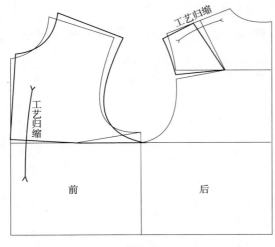

图7-6

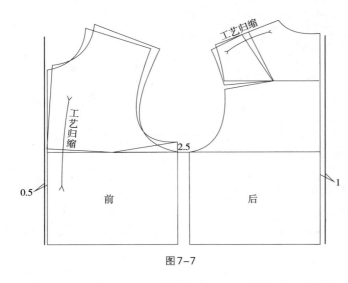

图7-7

（4）领口设计：考虑面料的厚度及穿着层次，后领口宽加大1cm，并上抬0.5cm，同时领口深也要上抬0.5cm。前领口宽也加大1cm。

（5）肩部设计：垫肩厚度为1cm，具体分配为后肩抬高1.5cm，前肩抬高0.5cm。后小肩宽为$S/2+0.5cm$（后肩缩缝量），前小肩＝后小肩－0.7cm（缩缝量）。

（6）袖窿深：袖窿深在原型袖窿深的基础上开深2.5~3cm。

（7）后片衣身结构：后片底边比前片短2cm，后背缝线在袖窿深处偏进1.5cm、中腰收进3cm、下摆收进4cm。后片侧缝在中腰收进1.5cm、下摆放出4cm。

（8）前片衣身结构：前片衣身不需开片，中腰省1cm，省尖距小袋底5cm，腰节线下9cm与袋口平齐；胁省省根大1cm，省中大1.5~1.7cm，省长至袋口以下3cm。侧缝中腰收进1.5cm、下摆放出1.5cm。

（9）小袋：距前胸宽线2.5cm，小袋口大B/10、袋口宽2.5cm，在袖窿深线上斜度为2cm。

（10）大袋：距腰节线9cm，袋口大为17cm，嵌线宽1cm（上下各宽0.5cm）、袋盖宽6cm，袋口斜度为1cm，袋口前端距中腰省2cm。

（11）搭门设计：搭门宽为4cm。

（12）扣位设计：第一粒纽扣高度为腰节线上10cm，扣距为14cm。

（13）暗门襟明线：暗门襟明线的宽度为6.5cm，从第一粒扣上5cm（以驳头盖住为宜）缉线至末粒扣下6cm。

（14）驳头设计：翻折止点为腰节线上10cm处，翻折基点为2.5cm（肩线从前领口宽点反向延长），驳头宽为9.5cm，串口线斜度为原型领口深下1cm，驳角大为4cm。

（15）翻领设计：领座宽为3cm，翻领宽为4cm，领翘为3cm，领角大为3.5cm。

（16）袖子设计：袖山高为AH/3+0.7cm。袖对位点A为前宽线向袖窿方向移0.5cm与袖窿的交点，前袖山斜线取袖对位点A—SP（弧线长）-0.5cm，后袖山高为袖山总高的1/3，后袖山斜线取后袖对位点B—SP'弧线长-0.5cm。袖长取实际袖长SL-1.5cm，袖肘线高度与原型腰节线平齐。大袖偏袖宽取2.5cm，袖肘线处偏进0.7cm，袖口处偏出3.5cm。袖口大为17cm（同袋口大），斜度为3cm。大袖外侧缝线在袖口大与后袖山点的连线上，在袖肥大交点处偏出2cm、在袖肘线的交点上偏出2.5cm。小袖内侧缝线在大袖内侧缝线基础上平行偏进5cm，外侧缝线分别在大袖外侧缝线袖肥处偏进2cm、袖肘线处偏进1.25cm，整体结构图如7-8所示。

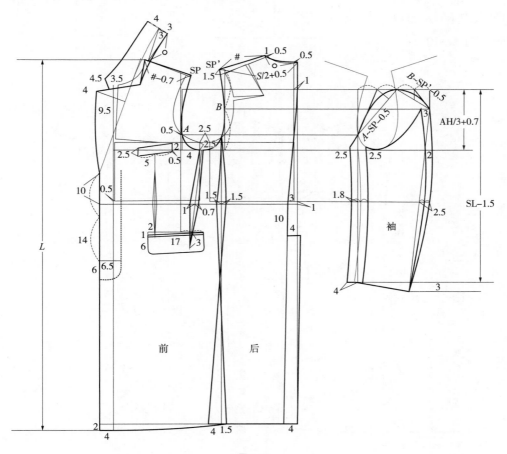

图7-8

中庸型柴斯特大衣结构设计说明：

中庸型柴斯特大衣和传统型相比较，主要变化在驳头造型上。其驳头为单排暗门襟戗驳领造型（图7-9），基本造型与结构基本相同，驳头宽为9~9.5cm，驳角大为7.5cm，并为小圆角造型。翻领宽为4cm、领座宽为3cm，领翘大为3cm，领角大为4cm，如图7-10所示。

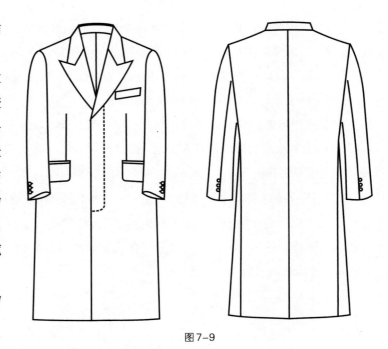

图7-9

图7-10

郑重型柴斯特大衣结构设计说明：

郑重型柴斯特大衣为双排扣戗驳领大衣（图7-11），主要变化在前片驳头的造型和前片侧片开片上。其主要变化为以下几点（图7-12）：

（1）搭门设计：搭门宽为6~8cm，以不超过大袋前端3cm宽度为宜。

（2）驳头设计：翻折止点为腰节线的止口处，因此驳头较长，造型比较大方。

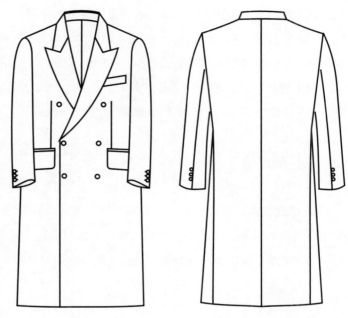

图7-11

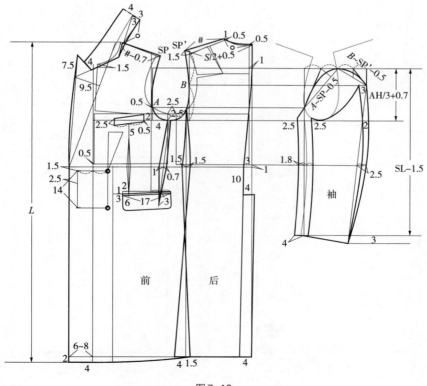

图7-12

驳头宽为9.5cm，驳角大为7.5cm，与中庸型驳角大相同。

（3）扣位设计：扣距长度为14cm，距门襟止口2~2.5cm，其余两粒扣与止口两粒扣以前中线对称。最上端的纽扣为装饰扣，扣距同样为14cm，在里排纽扣连线上偏进3~5cm。

（4）侧片设计：侧片要进行开片设计，侧缝收腰放摆不变，侧片从胁省中线垂直分割，侧片下摆放出1cm，前片下摆分割线处放出1.5cm。

二、波鲁外套

1. **款式特点**　波鲁外套在礼仪级别上仅次于柴斯特大衣，整体造型为H型，戗驳大翻领，双排六粒扣，明贴袋，分割三片袖，袖口设计有外翻袖克夫，袖窿、领子、驳头、止口均缉明线。袖山与肩部为包肩造型，整体为宽松风格（图7-13）。

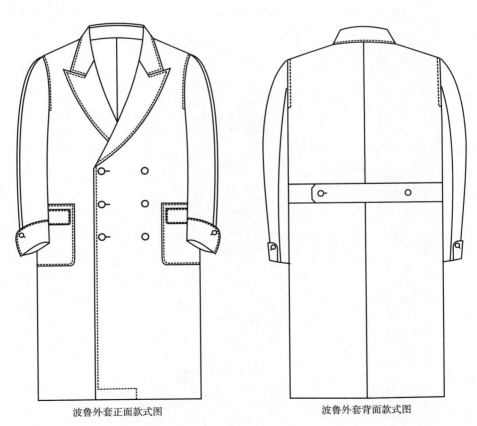

波鲁外套正面款式图　　　　　　波鲁外套背面款式图

图7-13

2.规格设计（表7-2）

（1）衣长：可按0.6h+（6~8）cm。

（2）胸围：波鲁外套为宽松型风格，胸围的加放量为30~36cm。

表7-2　波鲁外套规格设计（170/88A）　　　　　　单位：cm

部位	衣长（L）	胸围（B）	肩宽（S）	袖长（SL）	翻领宽（mb）	领座宽（nb）
规格	108	120	50	63	5	3.5

3.结构设计（比例法）

（1）前领口宽为$B/10$，前领口深为9cm；后领口宽为$B/10-1$cm，后领口深为2.7cm。

（2）前肩斜度为20°、后肩斜度为19°。

（3）后肩宽大为$S/2+0.5$cm，前小肩宽＝后小肩宽－0.7cm（缩缝量）。

（4）袖窿深为$2B/10+5$cm。

（5）后片衣身结构为后背缝线在中腰收进3cm、在臀围线（腰节线下20cm定寸）偏进3.5cm，然后连顺到底边；开衩高为腰节线下10cm，宽为4cm；侧缝下摆放出4cm。

（6）前片衣身结构，前片胸围大为$B/2-$后胸围大，前片侧缝下摆放出3cm。

（7）驳头设计为驳头止点在腰节线上5cm处定点，驳头宽为9.5~10cm，驳角大7.5cm。

（8）领子设计为领座宽3.5cm、翻领宽5cm，领翘为3cm。

（9）扣位设计为扣距14cm，前止口偏进2cm为第一排纽扣，以前中线为对称，确定第二排纽扣。

（10）袖子设计为袖山高$AH/3+1$cm，先按两片袖绘制好袖山，根据包肩造型，分别在前、后袖山上外放1.5cm。根据袖山弧长－袖窿弧长确定袖山撇势，并把大袖分割为两部分，后袖片外侧缝线需在袖肥处外放1cm，作为胖势，整体版型设计如图7-14所示。

三、巴尔玛外套

1. **款式特点**　巴尔玛外套属于便装外套，礼仪要求不严格，可适合不同年龄、不同场合穿着，同时在搭配方面也比较灵活，主要同西装、户外服搭配组合。巴尔玛外套为宽松型风格，整体造型为A型，分割领座翻领、暗门襟、插肩袖，袖口有袖襻设计，具有较好的防风、防雨功能（图7-15）。

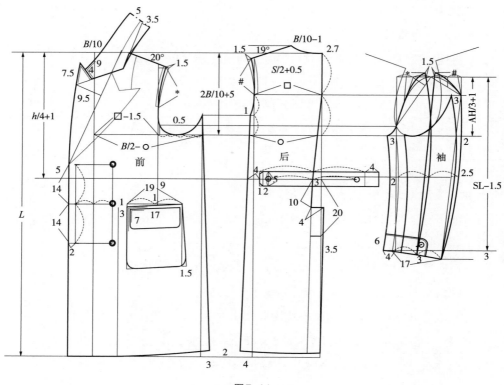

图 7-14

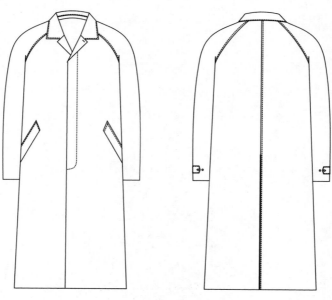

图 7-15

2. 规格设计（表7-3）

（1）衣长：可按0.6h+（6~8）cm。

（2）胸围：巴尔玛外套为宽松型风格，胸围的加放量为30~36cm。

（3）袖长：0.3h+12cm。

（4）肩宽：0.3B+（12-13）cm。

（5）领围：关门领结构，考虑穿着的层次，可在衬衫领围的基础上加放5~6cm的松量。

表7-3　巴尔玛外套规格设计（170/88A）　　　　　单位：cm

部位	衣长（L）	胸围（B）	肩宽（S）	袖长（SL）	翻领宽（mb）	领座宽（nb）	领围（N）
规格	110	118	48	63	6.5	3.5	45

3. 结构设计（比例法）

（1）本款采用关门领口设计，前领口撇胸量为1.5cm，前领口宽N/5-0.5cm、前领口深为N/5+1cm；后领口宽为N/5，后领口深为2.7cm。

（2）前肩斜度为20°、后肩斜度为19°。

（3）后肩宽为S/2+0.5cm、前小肩＝后小肩–0.7cm（该缩缝量转移到后领口处，在插肩袖分割缝中消除）。

（4）袖窿深为2B/10+6cm，插肩袖的袖窿深可适当开深。

（5）前片衣身胸围大为B/2–后胸围大，前片侧缝下摆外放5cm。

（6）搭门宽为3cm。

（7）口袋袋牙宽3cm、长为18cm，上下斜度为3cm，袋中点距腰节线9cm。

（8）后片衣身背缝线在中腰收进3cm、在臀围线（腰节线下20cm定寸）处偏进3.5cm，然后连顺到底边；开衩高为腰节线下10cm处，宽度为4cm；侧缝外放4cm。

（9）前袖设计为袖中线斜度取10cm等腰直角三角形中线偏进2cm，袖口处再偏进3cm。袖窿分割从领口弧线上1/3处弧线连顺至袖弯点，前袖弯大点以B/4–1cm定点确定。

（10）后袖设计为袖中线斜度取10cm等腰直角三角形中线偏进0.5cm，袖口处再偏出3cm。袖窿分割从领口弧线上1/3处弧线连顺至袖弯点，后袖弯大点以B/4+1cm定点确定。

（11）后袖襻宽为5cm、长为9cm，距袖口6cm（图7-16、图7-17）。

（12）此款领子属于开关两用领，扣上第一粒纽扣即为关门领，敞开第一粒纽扣即为翻折领，因此配领时按翻折领结构进行处理。其中翻领后宽为6.5cm、领座为3.5cm、领角

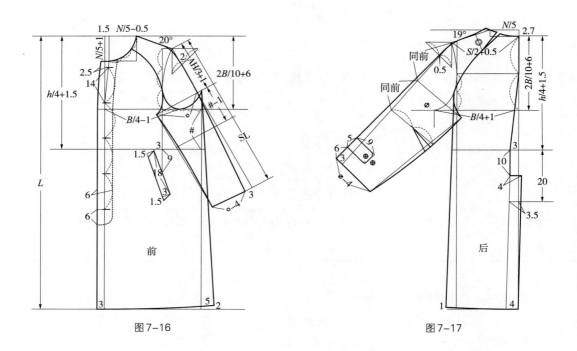

图 7-16

图 7-17

大为 10cm。翻折止点于止口与第二粒扣位平齐处，翻折基点为肩线反向延长 3cm，领翘为 4cm，如图 7-18 所示。为了领中部贴合脖颈，领座需要做分割处理，处理方法为：在平行翻折线下 1cm 处做领座分割，以前、后领窝领对位点做翻领外口垂线，并在该基础线前后做纸样剪切，上端分别为 4cm、下端分别为 3cm，每个分割线各收缩 0.4cm（图 7-19）。

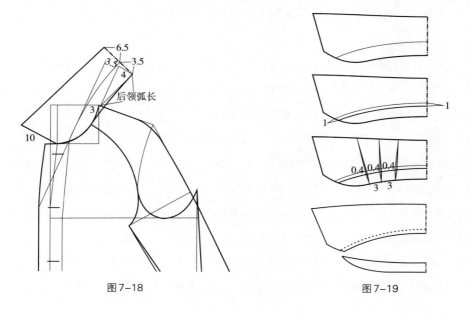

图 7-18

图 7-19

四、风衣

1. **款式特点**　风衣也称为风雨衣，是由第一次世界大战中士兵穿用的堑壕外套而发展起来的。风衣为宽松型风格，整体造型为 A 型，袖子为插肩袖，肩部设有肩襻，袖口设有袖襻，双排扣、登驳领，配有腰带，腰下设有带盖的斜插袋。右胸设有胸盖布，后背设有悬空的披肩。风衣属于功能性服装，肩襻是作为固定武装带而设计的；领襻、袖襻是为了防风防雨并具有保暖作用；双排扣的设计使重叠量更多，腰带的设计及悬空的肩设计都能够很好防止风雨侵入；后片下部开长衩，内有贴布，一是增加下摆活动的松量，二是具有防风防雨的功效（图7-20）。

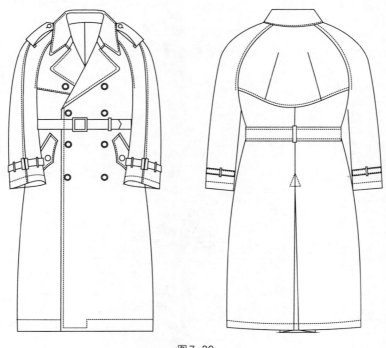

图 7-20

2. **规格设计**（表7-4）

（1）衣长：风衣与大衣相比可适当短些，可按 $0.6h+（4\sim6）$ cm。

（2）胸围：风衣为宽松型风格，胸围的加放量为 30~36cm。

（3）袖长：$0.3h+12$cm。

（4）肩宽：$0.3B+（12\sim13）$cm。

（5）领围：关门领结构，考虑穿着的层次，可在衬衫领围的基础上加放5~6cm的松量。

表7-4　风衣规格设计（170/88A）　　　　　　　　　单位：cm

部位	衣长（L）	胸围（B）	肩宽（S）	袖长（SL）	翻领宽（mb）	领座宽（nb）	领围（N）
规格	106	122	50	63	7	4	45

3. 结构设计　风衣结构同巴尔玛外套虽在款式上有较大的区别，但在结构上基本相同，不同方面如下：

（1）前片衣身胸围大为 B/2– 后胸围大，不设计胸省和胁省，前片侧缝外放 5cm；胸盖布距离前中线 3cm、长度为胸围线上 3cm 确定（图7-21）。

（2）搭门宽为 8~9cm，衣身驳头再上翘 1cm、外放 1.5cm。

（3）口袋为带盖的嵌线袋，袋口大 18cm、斜度为 3cm，袋盖宽度为 5cm、袋盖尖总宽为 6.5cm。

（4）前袖、后袖的袖口上 6cm 处，分别设有两个 3cm 长、1cm 宽的袖襻。

（5）第一粒纽扣高度为前领口宽下 3cm 处，扣距为 14cm；第一排纽扣距离止口 2.5cm，第二排纽扣位置以前中线对称确定。

（6）后片衣身背缝线在中腰收进 3cm，在臀围线（腰节线下 20cm 定寸）处偏进 3.5cm，然后连顺到底边；开衩高为腰节线下 6cm 处，开衩贴布上宽 20cm、下宽 32cm，折成褶裥；侧缝外放 4cm（图7-22）。

（7）风衣的领子为登驳领，由立领和翻领两部分组成，立领前宽 3.5cm、后中宽为 4cm。先在领窝上确定立领前端造型，再

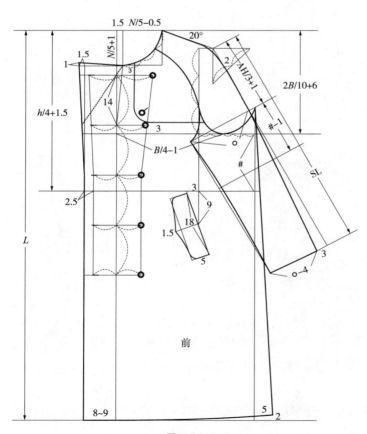

图7-21

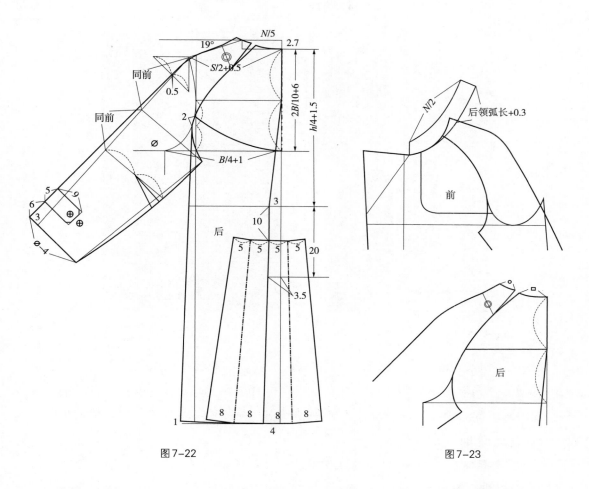

图 7-22

图 7-23

根据前、后领窝弧长 +0.3cm 确定领子里口弧长，根据 $N/2$ 确定领子上口弧长。翻领采用几何作图法，根据长为 $N/2+0.8$cm、宽 7cm 绘制一个矩形，再平均分为 4 等分进行纸样剪切，并在每个等分线处加入 1.5cm 的松量，翻领前端的宽度为 10cm，并画顺翻领的下口与外口弧线（图 7-23、图 7-24）。

五、时尚大衣

时尚大衣是当今社会青年人喜欢穿着的大衣款式，和传统大衣相比较，款式更加简洁、大方，也没有礼仪方面的

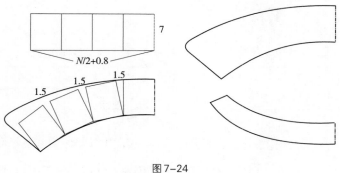

图 7-24

图7-25　　　　　　　　　　　　图7-26

限制，属于便装范畴。时尚大衣没有更多的装饰，领型以翻驳领为主，袖子为两片西装袖。搭门以单搭门形式为多。衣身结构可以为三开身（图7-25时尚大衣A款）、也可以为四开身（图7-26时尚大衣B款），但基本上都保留后开衩造型。长度基本都在膝盖以上10cm左右。

案例1：时尚大衣A款

1.款式特点　时尚大衣A款的整体造型以X型造型为主，显得干练、洒脱（图7-25）。

2.规格设计（表7-5）

（1）衣长：时尚大衣衣长一般在膝盖以上10cm左右，也可以按$0.5h \sim 0.6h$进行计算。

（2）胸围：时尚大衣为较合体型风格，胸围的加放量为14~18cm。

（3）袖长：$0.3h+12cm$。

（4）肩宽：$0.3B+（12 \sim 13）cm$。

表7-5　时尚大衣A款规格设计（170/88A）　　　　　单位：cm

部位	衣长（L）	胸围（B）	肩宽（S）	袖长（SL）	翻领宽（mb）	领座宽（nb）
规格	90	106	45	63	4.5	3

3.结构设计（比例法）　时尚大衣A款采用三开身结构进行设计，主要部位设计如下：

（1）领口设计：前领口宽为$B/10$，后领口宽为$B/10-1cm$、后领口深为2.5cm。

（2）肩宽设计：后肩宽为$S/2+0.5$cm，前小肩宽＝后小肩宽-0.7cm。

（3）袖窿深：$2B/10+5$cm。

（4）后片衣身结构：后背缝线在中腰收进3cm、在臀围线（腰节线下20cm定寸）处偏进3.5cm，然后连顺到底边；开衩高为腰节线下10cm；侧缝中腰收进1.5cm，下摆放出3cm。

（5）前片衣身结构：前胸围大＝$B/2+1$（省）$-$后胸围大，侧缝中腰收进1.5cm，下摆放出4cm。胁省为剑形省，省根大1cm、省中大1.5cm、省尖长至袋口中点下3cm。袋口中点从前宽线与腰节线交点下量9cm，袋口大18cm、袋口宽3cm、斜度为3cm。

（6）驳头设计：驳头止点在胸围线下5cm处，于止口线上定点。驳头宽为8cm，驳角大为4cm。

（7）领子设计：领座宽为3cm、翻领宽4.5cm、领角大3.5cm，领翘为3.5cm。

（8）袖子结构设计：袖山高取$AH/3+1$cm、袖长取$SL-1.5$cm、袖口斜度3cm、袖口大为$B/10+4$cm（图7-27）。

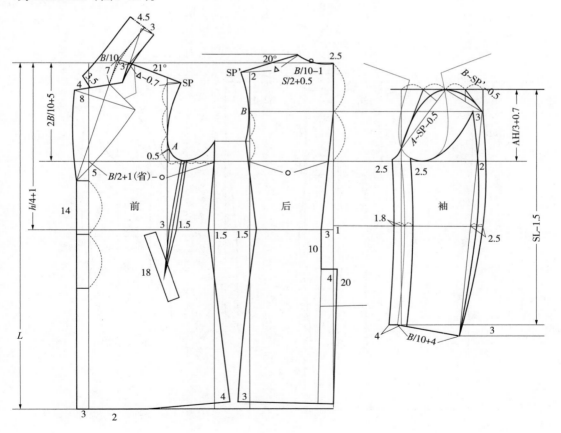

图7-27

案例2：时尚大衣B款

时尚大衣B款为单排三粒扣戗驳领造型，为较合体型风格（图7-26），因此胸围、肩宽的加放量要适当减小，与A款相比较，规格设计如表7-6所示。

表7-6　时尚大衣B款规格设计（170/88A）　　　　　　　　单位：cm

部位	衣长（L）	胸围（B）	肩宽（S）	袖长（SL）	翻领宽（mb）	领座宽（nb）
规格	88	104	43	63	4.5	3

时尚大衣B款在衣身结构上可采用三开身和四开身两种结构进行设计。其中，三开身结构根据着装效果图可以从袖窿门宽的2/5作垂直辅助线分割成侧片，后片、袖子结构保持不变（图7-28）。四开身结构在设计时后背结构保持不变，后胸围大=$B/4+1$cm、前胸围大=$B/4-1$cm，袖子结构仍然按两片袖结构进行设计（图7-29）。

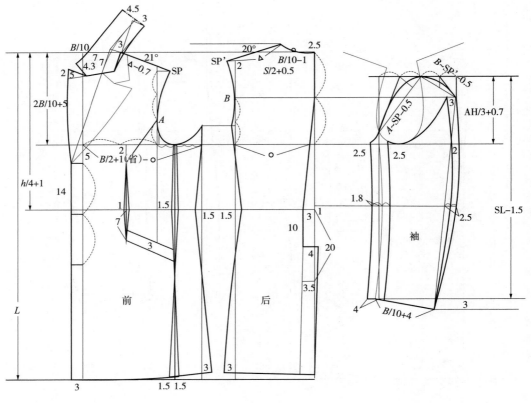

图7-28

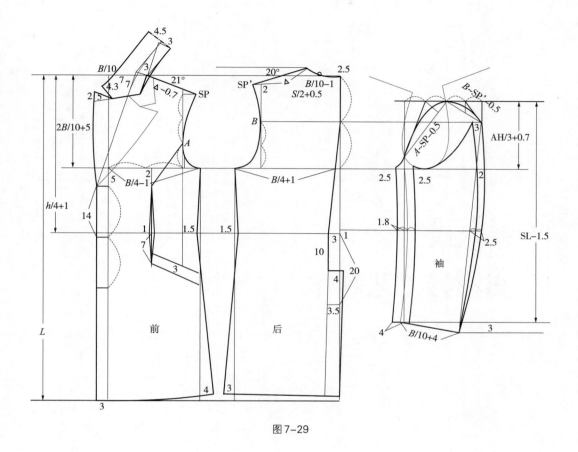

图7-29

思考与练习

1. 简述男大衣、风衣的演变历程。

2. 深入理解原型中前、后浮余量的处理方法。

3. 深入理解各类大衣、风衣的款式特点，掌握规格设计及结构设计方法。

4. 设计一款插肩袖大衣或风衣，并进行款式特点分析、规格设计及结构设计。

第八章

男衬衫工艺制作

第一节　男衬衫缝制前的准备

一、男衬衫样板校验

（1）长度校验：校验的部位有前、后片衣长、袖长、领大等，确保各部位尺寸符合要求。

（2）围度校验：校验的部位有前、后片胸围、袖口围等，确保各部位尺寸符合要求。

（3）吻合校验：校验的部位有过肩与后片的长度、过肩与前肩、袖克夫长与袖口围、袖山与袖窿等，确保相对应的部位达到最佳的匹配。

（4）数量检验：检查所有样板的数量，确保所有样板的数量齐全。

二、男衬衫样板放缝（图8-1）

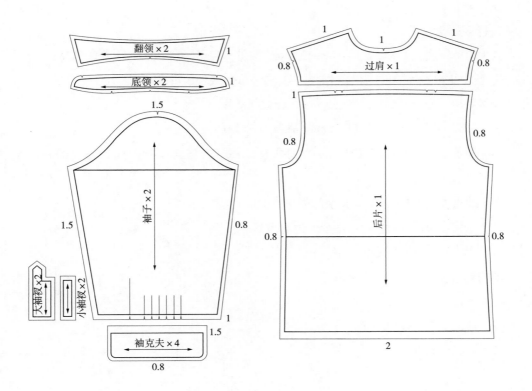

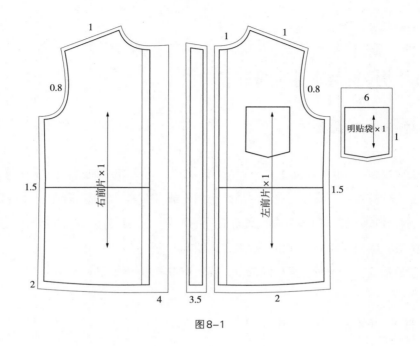

图8-1

1. 样板放缝说明

（1）前片：肩缝1cm、袖窿0.8cm或1cm、侧缝1.5cm（外包缝），底边直摆2cm、圆摆1.2cm；前中止口左片1cm、需要另加贴边，右片搭门线外放4cm贴边。

（2）后片：分割缝1cm、侧缝0.8cm，底边同前片。

（3）过肩：领口1cm、分割缝1cm，袖窿1cm或0.8cm。

（4）袖子：袖山1.5cm、袖口1cm、前袖缝1.5cm（对应前片侧缝）、后袖缝0.8cm（对应后片侧缝）。

（5）袖克夫：上口1.5cm，其余三边均为0.8cm或1cm。

（6）口袋：袋口3cm折边，其余三边均为1cm。

（7）大小袖衩：四周围各1cm。

2. 打对位剪口　打剪口的部位有：

（1）后片褶裥。

（2）袖山中点、袖口褶裥。

（3）过肩肩宽点。

三、男衬衫排料及用料（图8-2）

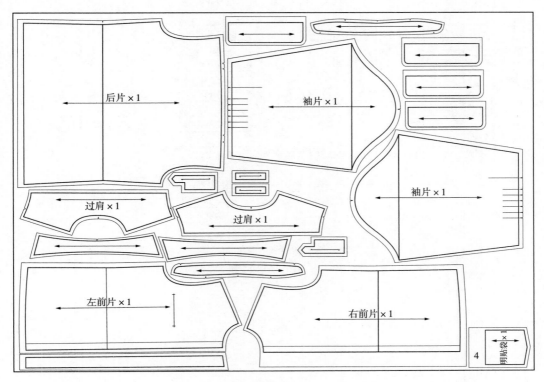

图8-2

　　男衬衫样板的排料要根据面料的幅宽，可以单排也可以双排，一般要求是先前片、后片，再袖片、过肩，最后再排袖克夫、大小袖衩等。排料时注意样板数量要齐全、丝缕符合要求。

　　面料：门幅114cm，长度＝衣长×2+20cm。

　　衬料：无纺黏合衬30cm，领面衬1片、领角薄膜衬2片。

　　纽扣：11粒（前中6粒、左右袖克夫及袖衩各2粒、备用扣1粒）。

四、男衬衫工艺流程（图8-3）

五、男衬衫缝型（图8-4）

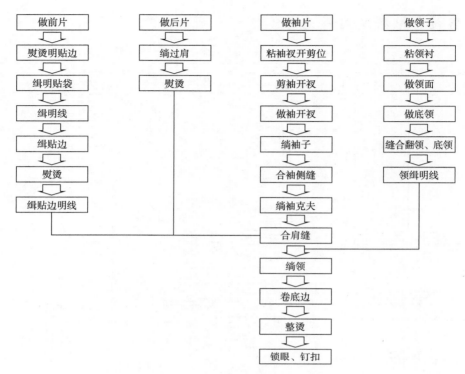

图8-3

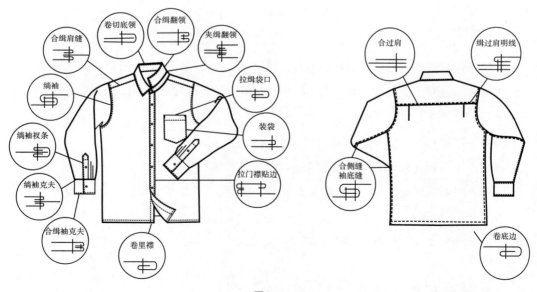

图8-4

第二节　男衬衫工艺步骤

1. 左前片门襟的缝制（图8-5）

（1）粘衬：门襟贴边反面粘衬，并按门襟样板扣烫好。

（2）缝合门襟贴边：门襟贴边与左前片面、里相对，沿1cm缝份缉缝。

（3）缉缝份明线：贴边与门襟止口缝份倒向侧缝，在前片里沿缝线缉0.1cm明线，并用熨斗烫平、烫实。

（4）缉门襟明线：门襟贴边翻在正面，扣烫整齐，分别沿门襟两边0.3cm缉线。

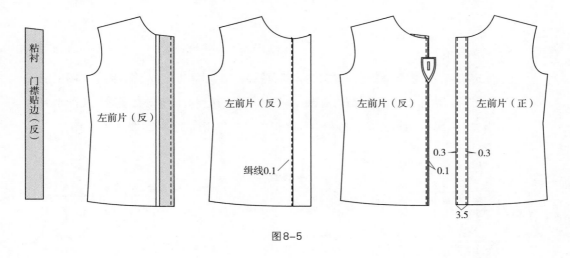

图8-5

2. 右前片里襟的缝制（图8-6）

（1）把贴边从止口线翻折到反面。

（2）按宽度2.2~2.5cm样板宽度扣烫出贴边宽度。

（3）沿贴边止口0.1cm缉里襟明线，并用熨斗烫平、烫实。

3. 贴袋的缝制（图8-7）

（1）扣烫贴袋：根据口袋样板用熨斗扣烫贴袋，先扣烫贴袋两边，再扣烫袋口折边。

（2）缉袋口明线：沿折边0.1cm缉袋口明线。

（3）装贴袋：贴袋正面朝上，沿贴袋边缘0.1cm缉明线，袋口两端缉三角明线，要求两端一致。

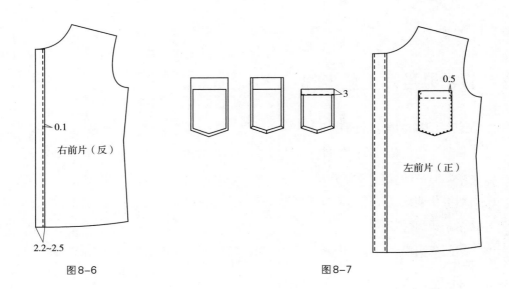

图8-6　　　　　　　　　　　　　　　图8-7

4. 后片的缝制

（1）固定褶裥：根据褶裥剪位向袖隆方向折好褶裥，然后靠边0.5cm缉线固定（图8-8）。

（2）绱过肩：两片过肩正面相对，将后片夹在中间，按照1cm缝份夹缝后片（图8-9）。

（3）缉过肩明线：分开过肩，缝份倒向领口，沿过肩正面0.1cm缉线（图8-10）。

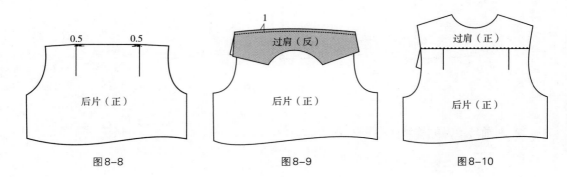

图8-8　　　　　　　　　　图8-9　　　　　　　　　　图8-10

5. 缝合肩缝

（1）将前片肩缝的缝份加在过肩面、里中间，按1cm缝份缝合，或者将过肩面与前肩缝正面相对缝合，然后翻转衣片，过肩里再与前片肩缝缝合（图8-11）。

（2）把前片从领口翻出，沿过肩面止口0.1cm缉明线（图8-12）。

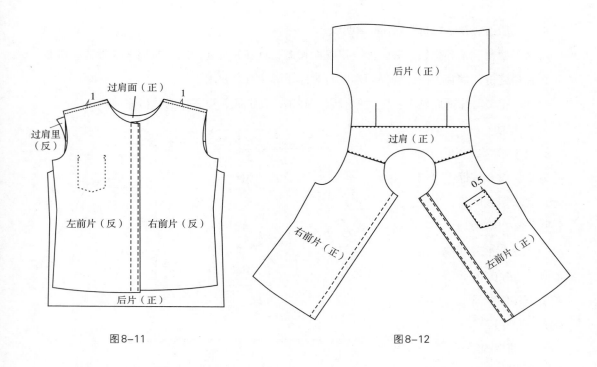

图8-11　　　　　　　　　　　　　　　图8-12

6. 领子的缝制（图8-13）

（1）缝合翻领面：翻领面、里粘衬，正面相对，按净线缉缝。

（2）翻领面缉明线：清剪翻领缝份，翻出正面，要求领角方正符合要求，并用熨斗扣烫好里外匀，然后沿翻领止口边缘0.6cm缉明线。

（3）做底领：底领面、里粘衬，按样板画好净线形状，折好底领下口缝份，并用熨斗

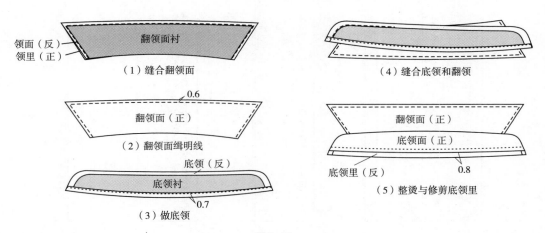

图8-13

烫平，然后沿底领下口折边0.7cm缉明线。

（4）缝合底领和翻领：底领面、里正面相对，将翻领夹在中间，按照净线缉缝。清剪底领圆角缝份，翻到正面，确保两端左右对称，形状符合要求。

（5）整烫与修剪底领里：整烫好翻领、底领，并把底领里下口的缝份修剪为0.8cm。

7. 绱领

（1）缝合底领里与衣身领口：按0.8cm缝份缉缝，要求缉线顺直，上下松紧一致（图8-14）。

（2）缉底领明线：沿底领面边缘0.1cm缉线，要求上下层缉线顺直，缝线整齐（图8-15）。

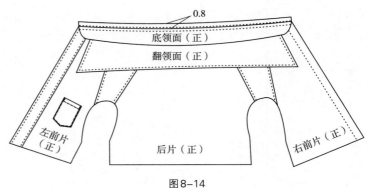

图8-14

8. 袖衩的缝制

（1）做袖衩：按照大、小袖衩样板，折烫好大、小袖衩，要求底层多出0.1cm层势（图8-16）。

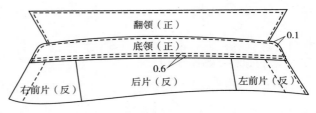

图8-15

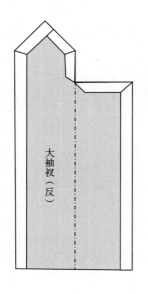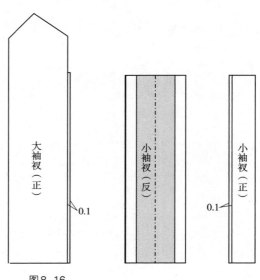

图8-16

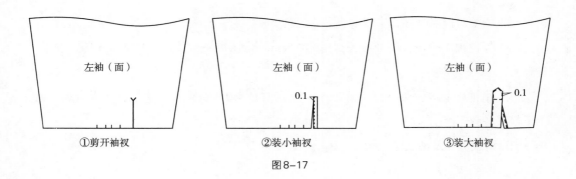

①剪开袖衩   ②装小袖衩   ③装大袖衩

图8-17

（2）装袖衩（图8-17）：

①剪开袖衩：按照开衩位置及长短要求剪开袖衩。

②装小袖衩：沿烫好的小袖衩边缘0.1cm夹缝开衩的底层。

③装大袖衩：大袖衩放在上面并盖住小袖衩，将剪开的袖衩三角翻折并藏在大袖衩宝剑头下面，然后沿大袖衩边缘0.1cm缉线装好大袖衩，要求在大袖衩宝剑头与三角折线处打倒回针。

9. 绱袖（图8-18）

（1）绱袖山：衣片袖窿处与袖子正面相对，袖片放在下面，按袖窿净缝线1cm缉缝袖

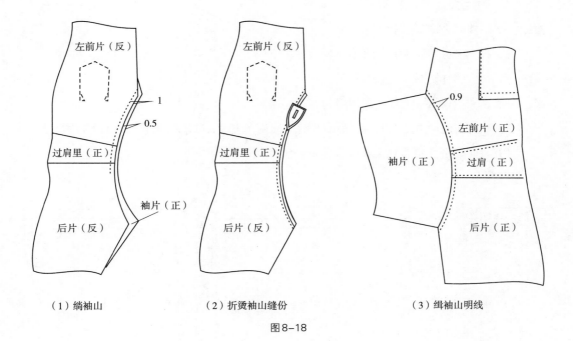

（1）绱袖山   （2）折烫袖山缝份   （3）缉袖山明线

图8-18

山，要求绱袖对位点准确，缉线顺直，吃势均匀。

（2）折烫袖山缝份：将袖山头预留的0.5cm缝份用熨斗折烫到衣身袖窿一侧，要求折烫顺直。

（3）缉袖山明线：将袖窿翻到正面，距离袖缝线0.9cm缉袖山明线，要求缉线顺直，上下松紧一致。

10. 缉缝侧缝及袖底缝（图8-19）

（1）采用外包缝工艺：后片在上，前片在下，反面相对。从底边侧缝处距边0.8cm开始缉缝侧缝与袖底缝，要求缉线顺直，并对准袖底十字缝。

（2）侧缝、袖底缝缉明线：前片缝份包住后片，前袖缝份包住后袖缝份，并熨烫平服，然后翻到正面，沿衣缝0.6cm缉明线。

11. 袖克夫的缝制（图8-20）

（1）袖克夫面、里粘衬，并按样板画出袖克夫净样形状。

（2）按净线扣烫袖克夫面上口缝份，缝份倒向里面，翻出正面，在袖克夫上口1cm缉缝线固定缝份。

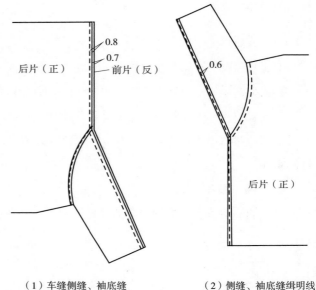

（1）车缝侧缝、袖底缝　　（2）侧缝、袖底缝缉明线

图8-19

（3）袖克夫面、里正面相对，沿净线缉缝袖克夫边缘，要求缝线顺直，上下松紧一致。

（4）清剪缝份，熨烫袖克夫，注意做好里外匀。

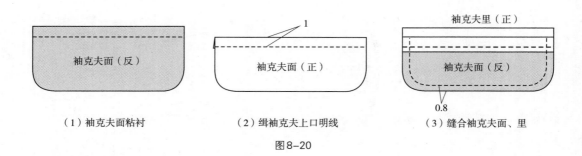

（1）袖克夫面粘衬　　　　（2）缉袖克夫上口明线　　　　（3）缝合袖克夫面、里

图8-20

12. 绱袖克夫（图8-21）

（1）袖克夫里与袖子反面相叠，沿袖克夫里缝份绱缝袖口。

（2）将袖子与袖克夫翻到正面，沿袖克夫面边缘0.1cm绱明线夹缝袖口。

（3）沿袖克夫止口绱0.6cm明线，装好袖克夫。要求绱线顺直，大小袖衩高低一致。

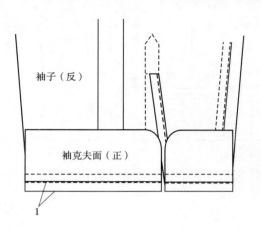
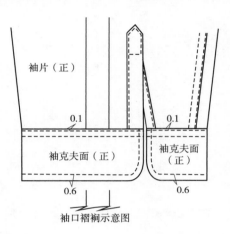

图8-21

13. 卷底边（图8-22）

（1）按衣长线折烫底边。

（2）按1.3cm宽度烫平卷边。

（3）沿卷边边缘0.1cm车明线绱缝底边。要求绱线顺直，宽窄一致，左右高低相符。

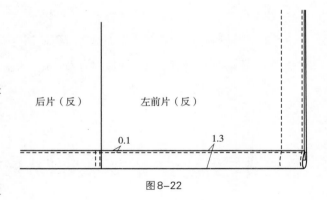

图8-22

14. 锁扣眼、钉扣（图8-23）

（1）左前片门襟锁眼：根据样板扣眼的位置确定面料扣眼的位置，扣眼为1.2cm的平扣眼。门襟底领宽1/2处锁一个横扣眼，其余五个扣眼位于门襟贴边宽的1/2处锁竖扣眼。

（2）右片里襟在相对应的位置钉纽扣。要求位置准确、缝线结实、有一定松量。

（3）左右袖子大袖衩的1/2处锁竖扣眼，扣眼大1.2cm，小袖衩相对应的位置钉一粒纽扣；袖克夫门襟的1/2处锁横扣眼，袖克夫里襟相对应部位钉一粒纽扣。

15. 整烫　衬衫缝制完成后，首先清剪线头，清除污渍，再用蒸汽熨斗熨烫。熨烫步

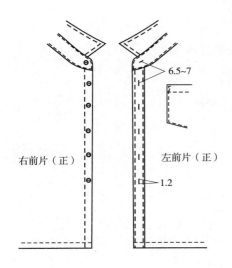
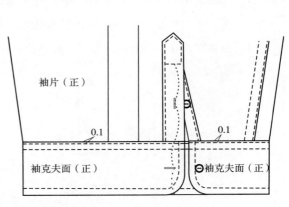

图8-23

骤为先烫领子，再烫衣身，最后烫袖子。

（1）熨烫领子：先烫领里、再烫领面，确保里外平服，领子有窝势，翻折自然。

（2）熨烫衣身：先烫左片门襟、贴袋，再烫右片里襟、后片过肩、后背褶裥、侧缝、底边等部位，要求各部位熨烫平服。

（3）熨烫袖子：先熨烫袖克夫里、再熨烫袖克夫面，最后熨烫袖底缝和袖中缝及大身肩部等。要求前后袖生平服、褶裥左右袖长短一致。

最后，按照要求折叠成型。

第三节　男衬衫工艺要求及评分标准

一、男衬衫工艺要求

（1）左片门襟贴边按设计要求，一般宽度为3~3.5cm，沿贴边边缘0.3cm缉明线；右片里襟净扣2.5cm，沿边0.1cm缉明线。

（2）过肩与前片肩部三层夹缝，正面缉0.1cm明线。

（3）绱袖子时正面相对，缝份1cm，缝份倒向衣身，在衣身正面袖窿缉0.9cm明线固定缝份。

（4）袖片褶裥倒向后袖缝，位置正确，左右对称。

（5）明线针距3cm不低于13针。

（6）洗水标位于右侧反面折边处，末粒纽扣下端。

（7）各部位熨烫平服、无极光。

（8）领子两端等长，有窝势，翻领不反吐。

（9）袖山无褶皱，装袖圆顺，压线整齐。

（10）袖底缝十字缝对齐，明线顺直。

（11）扣眼锁在左前片门襟上，底领处扣眼为横扣眼，其余五个扣眼为竖扣眼。纽扣钉在右前片里襟上，纽扣与扣眼相吻合，扣眼针码密度适中，拉线松紧一致。

二、男衬衫质量评分参考标准

（1）规格尺寸符合要求（15分）。

（2）各部位缝线整齐、顺直、牢固、针距密度一致，符合要求（15分）。

（3）上线线迹松紧适宜，无跳线、断线，起落针处应有回针（10分）。

（4）袖缝、侧缝包缝牢固、平整、宽窄一致，没有漏针现象等（10分）。

（5）领子平服，领面与领里松紧适宜，领角不反翘、不起泡、不渗胶（15分）。

（6）袖子、袖克夫、口袋和衣片的缝合部位缝线均匀，平整、无歪斜（15分）。

（7）锁眼位置准确，纽扣与眼位相对应，大小适宜，整齐牢固（10分）。

（8）成衣整洁，各部位整烫平服，无水迹、烫黄、烫焦、极光等现象（10分）。

思考与练习

1.认真理解男衬衫样板设计。

2.认真理解男衬衫工艺制作工艺流程与工艺要求。

3.根据第三章所学的男衬衫版型设计，选择一款男衬衫款式，按照工艺要求，完成一件男衬衫的成衣制作。

第九章

男西装工艺制作

男西装工艺分为黏合衬工艺、半毛衬工艺和全毛衬工艺。其中黏合衬工艺为西装的普通工艺，其特点是大衣身粘接黏合衬，附毛衬、胸绒、垫肩及加强衬，使得外观效果感觉挺括，给人以严谨、挺拔、庄重的感觉，如市面上出现的半里西装、清凉西装等均属此类。半毛衬工艺的特点是前身驳头处不粘衬，需要将毛衬与面料直接缲缝上，缲完后两个驳头在没有压烫的情况下，呈现出自然的外翻状态，使外观完美体现。半毛衬西装的制作，充分体现了面料的手感和毛衬的弹性，体现出西装的舒适性，给人一种自然柔软的立体感，集合体造型与舒适感于一体。全毛衬工艺是西装中最高档的工艺，其特点是前身采用高档毛衬、黑炭衬制作的大身衬，袖里采用区别于大身的里料，光滑程度高，易于穿脱，西装裁片组合、部件组合用机器设备来完成，而所有的外装饰线（包括上衣的驳头、止口、底边、前省、手巾袋、大袋盖，裤子的侧袋、后袋、裤子侧缝等部位）、袖扣的凤眼、大身纽扣的开眼及锁缝都是纯手针工艺，充分表达了返璞归真、追求自然、现代与传统融合的风格，全毛衬的工艺附加值陡然上升。下面主要介绍全毛衬西装工艺。

第一节 男西装样板设计

西装样板分为面料板、里料板、衬板和工艺样板。方法是在结构设计的基础上，通过拓样放缝绘制出面料板，在面料板的基础上设计出里料板、衬板等，为了保证质量，批量生产还需绘制标准的工艺样板。西装样板需要有标注，包括裁片名称、规格、数量、丝缕等。

一、面料板

面料板分为前片、侧片、后片、大袖、小袖、领面、袋盖、手巾袋牙。面料板具体放缝为：前衣片门襟及领口放缝1.5cm，下摆折边放缝4cm，后中缝放缝1.5cm，袖窿、侧缝均放1cm。大袖、小袖折边放缝4cm，内外袖侧缝、大袖袖山头、小袖弯均放缝1cm（图9-1）。挂面宽度、形状根据前片面料板进行设计，驳角在净线上放1.5cm的缝份，驳头弧线在净线上放2cm的缝份，下摆为方形，便于粘衬后清剪（图9-2）。翻领根据领样板进行设计，翻领外口弧线放1.5cm的缝份，领角放3cm，串口线放1cm缝份，里口弧线放0.7cm

的缝份；领座上口弧线放0.7cm与翻领里口弧线放缝一致，领座里口弧线放缝1cm，与领子拼接的串口线部位放1cm缝份。领里用领里呢制作，设计成净样，不放缝份（图9-3）。

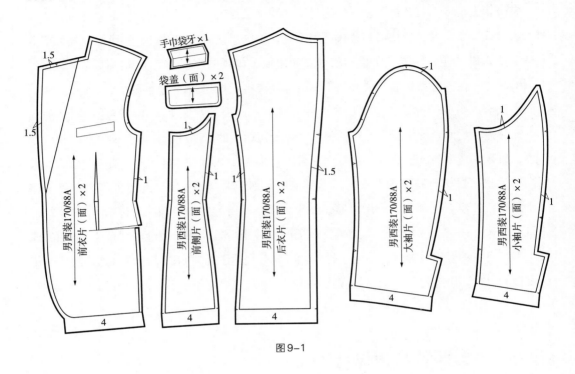

图9-1

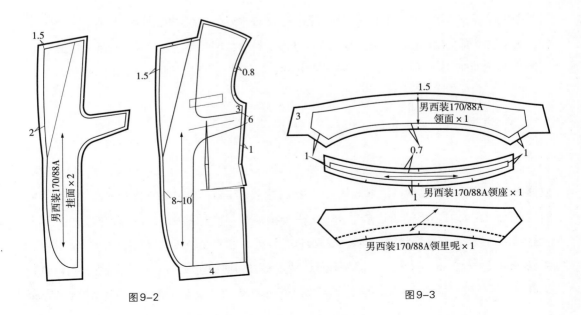

图9-2　　　　　　　　　　　　　　图9-3

二、里料板

里料板分为前衣里、前侧里、后衣里、大袖里和小袖里。其设计方法是根据面料板毛样进行设计。总体来说，在长度上比面料板短2cm（即比净样短2cm），宽度上比面料毛板大0.2cm，大、小袖不要开衩（图9-4）。袋布大小根据面料板设计（图9-5）。

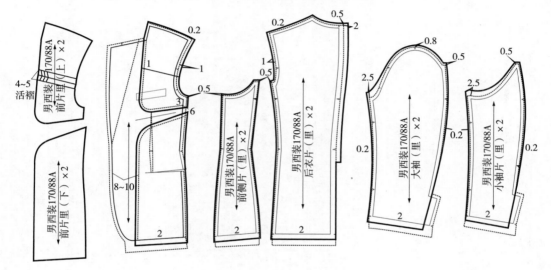

图9-4

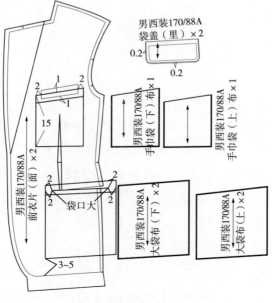

图9-5

三、衬板设计

男西装衬分为有纺黏合衬和胸衬两部分，都是根据裁片进行设计的。

黏合衬板以面板为基础进行设计，分别有挂面衬，前片大身衬，侧片袖窿衬和折边衬，后片袖窿衬、领窝衬和折边衬，大、小袖口折边衬与袖衩衬（图9-6）。

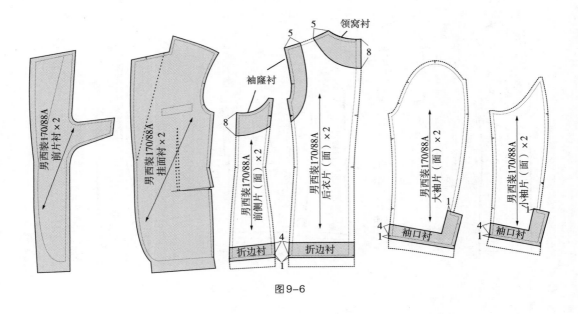

图9-6

四、胸衬设计

半胸衬是由基础衬、肩头衬和胸棉组合而成。

基础衬的材料为黑炭衬，也称为毛衬，是紧贴面料的衬，应选择质地柔软、弹性好且与面料的缩水率相近的衬，基础衬的配制方法为长度至驳头翻折止点，翻折线向内2cm，领口、肩缝、袖窿各向外1.5cm，距离侧缝2cm，为了使服装造型符合人体曲面，需要在肩部设计肩省，肩省的位置是靠近领口6cm，与肩缝垂直9cm，并剪开，缝制时拉开1cm，下面垫一层长10cm、宽3cm的垫衬进行绲缝。同时设计一个斜胸省，长至裁片的胸省尖，并剪开，缝制时需要重叠1cm进行绲缝。

肩头衬也称为帮胸衬，根据基础衬设计，形状为梯形，领口处的宽度为8~10cm、袖窿处的宽度为12~16cm，分别在基础衬领口和肩部偏进1cm，需设两个省道，并分别剪开，缝制时需要拉开1cm，并垫上垫衬缝制。

　　胸棉也称为针刺棉，是为了穿着舒适而设计的，胸棉根据基础衬设计，除了袖窿与基础衬相同外，其余都比基础衬小2cm（图9-7）。

基础衬（黑炭衬）　　　　　　　肩头衬（帮胸衬）　　　　　　　胸棉

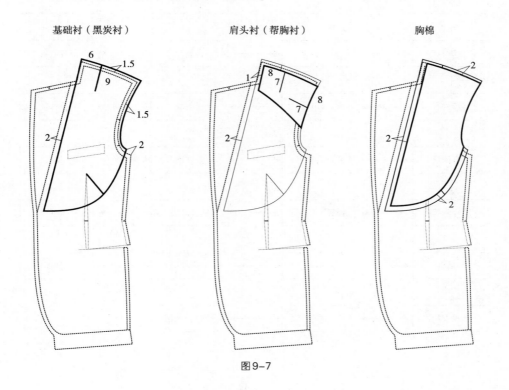

图9-7

第二节　男西装工艺流程

　　男西装制作工艺比较复杂，制作流程因生产方式不同也有很大区别，大体分为批量生产与单件操作。批量生产采用流水线工艺，要求协同作业，很多工艺同步进行，各工序之间要根据先后顺序和生产时间进行调整，使生产线达到动态平衡。单件操作是指整个工艺流程由一个人来完成，因此要求比较高，工艺的先后顺序很重要，一般量体定制均采用单件操作。下面以单件操作为例，介绍男西装的工艺流程。

一、工艺流程表（图9-8）

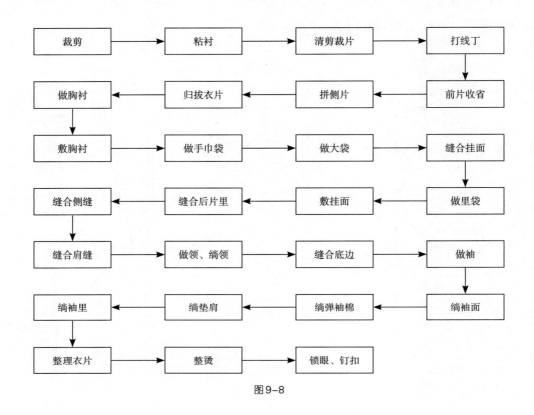

图9-8

二、工艺流程步骤

1.裁剪

（1）面料裁剪：单件裁剪采用对折铺料进行排板，批量裁剪排板时采用单程反向铺料方式。排板时遵循"先大后小、紧密套排、调剂平衡"的基本原则，做到直丝缕与布边平行，样板数量齐全。面料排板如图9-9所示。

（2）里料及衬料裁剪：排板方式同面料裁剪排板。里料排板如图9-10所示，衬料排板如图9-11所示。

2.粘衬

黏合衬是现代最流行的西装用衬，黏合衬可以使衣片更加挺括，国内95%的品牌西装都使用黏合衬，国外也有约80%西装使用黏合衬。使用黏合衬具有制作简单、

男西装面料排板参考图

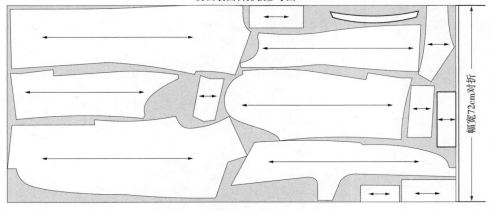

图9-9

男西装里料排板参考图

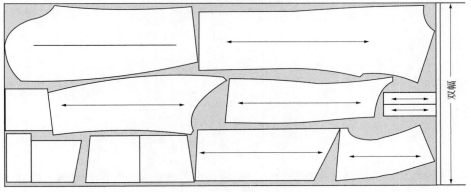

图9-10

男西装衬料排板参考图

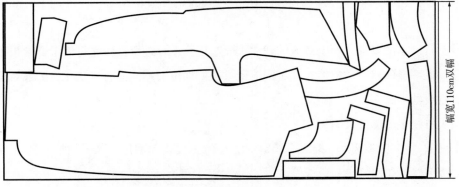

图9-11

操作方便的特点，成本低，可以大规模的流水制作，粘衬部位如图9-12所示。使用黏合衬制作的西装前身比较平整，但不够生动、略显生硬，因此，高档西装的前身和袖山不用黏合衬。

黏合衬裁剪时，注意要比面料四周少0.2cm，用粘衬机压烫时温度一般在170~200℃区间范围内。对于不同的面料和衬料，在对裁片黏合前，可进行小样测试，以确保粘衬效果；压烫时要放正丝缕，衬要略松一些。

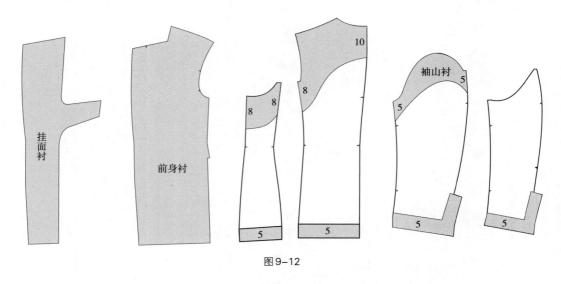

图9-12

3. 清剪裁片　清剪裁片也称为修片，是根据裁剪样板对裁片进行修剪，因此，裁剪前应对需要粘衬的裁片部件多放出0.8cm的缝份，作为过黏合机的缩率。粘衬后需将裁片摊平冷却后按毛样板进行修剪。

4. 打线丁　打线丁是高档西装缝制前一项重要的环节，是为了保证缝制时准确而设置的标记。

（1）打线丁的要求：要求对应的裁片正面对正面重合进行操作。打线丁通常采用与面料色彩对比明显的双股白棉线，线丁的疏密可根据部位的不同而有所变化，一般对位处可密些，直线处可疏些。

（2）打线丁的部位（图9-13）：

①前衣片：串口线、驳折线、领窝线、袋位（大袋和手机袋）、缝袖对位点、胸省、腰省、腰节线、扣眼位、底边线等。

②后衣片：后领窝线、背缝线、腰节线、底边线和缝袖对位点。

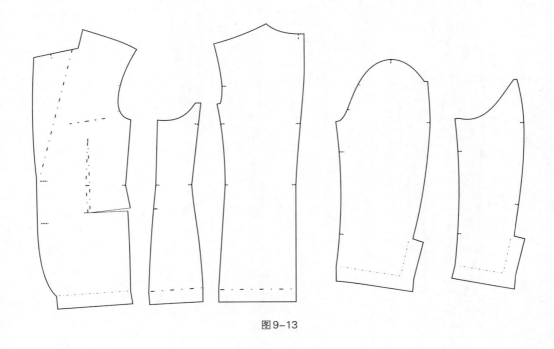

图9-13

③侧片：腰节线、底边线。

④袖片：袖山对位点、袖口线、袖衩线以及内、外侧缝对位点。

5. 前片收省

（1）剪至胸省处，并掉袋口省部分。

（2）将前片沿省中线折叠，省道下垫一块45°的本色斜丝面料作为垫省布，长于省尖1cm、宽2cm，然后缉缝省道。

（3）收省时缝线在省尖处直接冲出，省尖缉尖。

（4）在省尖的尖点处将靠近省道的垫布剪一刀口，垫布下端将靠近垫布的省道剪一刀口，省缝与垫布分缝熨烫平整（图9-14）。

（5）袋口省剪开处用手针将上下缝合，上下并拢成一条无缝隙的直线（开口袋时剪开该线），采用3cm宽、长出前中袋口端点2cm的无纺衬进行黏合（图9-15）。

6. 拼侧片（图9-16）

（1）前衣片与侧片正面相对，侧片放上层，以1cm的缝份进行缝合，前片袖窿下10cm左右处有0.2cm的吃势，有利于胸部造型饱满。

（2）衣片反面朝上，分烫拼接缝，将缝合线熨烫顺直，在侧片袋口处粘3cm宽、长出袋口端点2cm的无纺黏合衬（图9-16）。

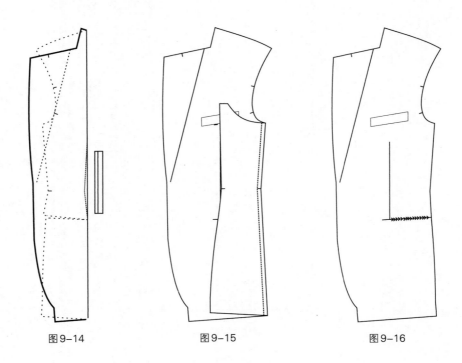

图9-14   图9-15   图9-16

7. 归拔衣片　衣片归拔也称为推门，是精做西装重要的工序，利用面料特性，根据湿热定型原理对胸部、腰部、腹部、臀部、肩部、背部进行塑型。归拔时，要求前、后衣片重叠，同步进行。

（1）前衣片的肩部、袖窿、臀部、下摆（腹部）做归拢处理，腰部前、侧做拔开处理（图9-17）。

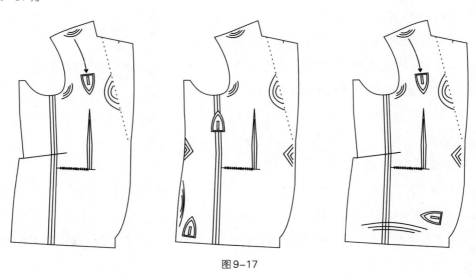

图9-17

（2）后片的肩部、背部、臀部做归拢处理，腰部做拔开处理（图9-18）。

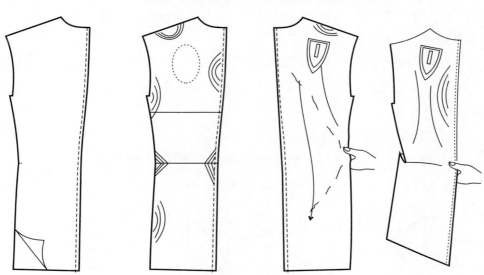

图9-18

（3）归拔后，前片、侧片袖窿及后片袖窿均要粘牵条，以保持定型效果（图9-19、图9-20）。

8. 做胸衬（图9-21）

（1）在挺胸衬的肩部距边剪开8cm，在胸部的省位上剪去1.5cm的省量。

（2）将垫片盖在肩部的剪口上，缝住剪口的前边一侧，拉开剪口1.2cm并缉缝，这样肩部衬的翘度能较好满足锁骨的隆起量。

（3）将剪开的胸部省并拢重叠缝牢，这样能较好满足胸部的隆起量。

（4）将肩头衬盖在挺胸衬上缝牢。

（5）将胸棉盖在肩头衬上用缲缝机缝合牢固。

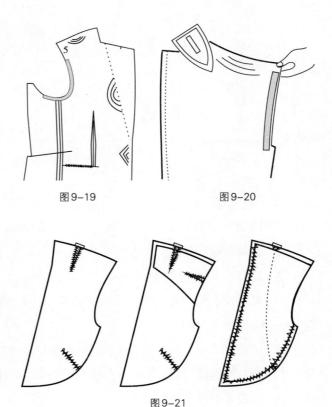

图9-19　　　　图9-20

图9-21

（6）将1.5cm宽的有纺衬一半绷缝在挺胸衬的正面，另一半露出挺胸衬外，在绷缝粘带时，粘带上的胶粘朝外，这样经过电熨斗压烫，组合胸衬就会固定在衣身上。

9.敷胸衬

（1）将成品胸衬与前衣片胸部的反面对齐，上部距驳口线1cm，下部距驳口线1.5cm，衣片凸势与胸衬应完全一致，然后在前衣片正面距离肩部5cm处用手针从中间固定胸衬（图9-22）。

（2）翻过衣身，从胸省处将胸衬固定（图9-23）。

（3）在衣片正面，从肩部到袖窿并沿胸衬边2cm固定胸衬（图9-24）。

（4）在衣片正面，沿驳口线偏进2cm固定胸衬（图9-24）。

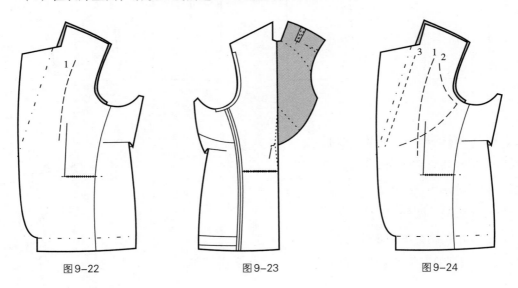

图9-22　　　　　　　　图9-23　　　　　　　　图9-24

10.做手巾袋

（1）画袋位，在左前衣片上按线丁的位置画出袋位。

（2）烫黏合衬、扣烫袋牙（图9-25）。

（3）缝合手巾袋布里片（图9-25）。

（4）缉袋牙、垫袋布，按口袋画线缉袋牙，缉垫袋布时距离袋口线1.5cm，两端各缩进0.2~1.3cm（图9-26）。

（5）剪袋口三角，从上下缉线中间剪开袋口，两个端点剪成三角，再将手巾袋袋牙缝份与手巾袋垫布缝份分开烫平，在缝线上下各缉0.1cm的明线，然后将手巾袋两端的三角插入手巾袋袋牙中间（图9-27）。

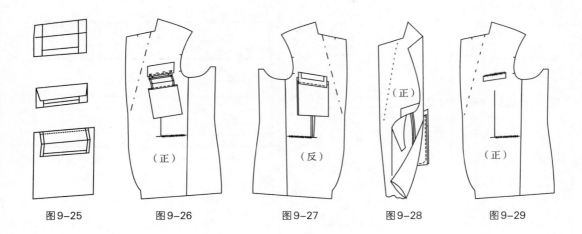

| 图9-25 | 图9-26 | 图9-27 | 图9-28 | 图9-29 |

（6）缝合手巾袋上下两片袋布（图9-28）。

（7）固定手巾袋袋牙两端，在手巾袋袋牙的两端缉缝明线或暗缲针固定，最后熨烫平整（图9-29）。

11. 做大袋

（1）按要求裁剪好主辅料（图9-30）。

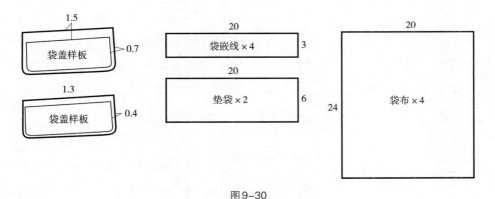

图9-30

（2）按袋盖净样画好袋盖缝线，并按要求清剪好袋盖面、里的缝份。

（3）缉缝袋盖，将袋盖面、里正面相对，袋盖里放上层、袋盖面放下层，上下两层沿边对齐，然后按净线缉缝三边。缉缝袋盖两侧及圆角时，要求里料要适当拉紧，两圆角圆顺。

（4）修剪缝份，缉缝后的三边缝份修剪成0.3~0.5cm的缝份，圆角处修剪成0.2cm的缝份，然后将缝份向里料一侧烫倒（图9-31）。

（5）烫袋盖，先将袋盖翻到正面，翻圆袋角，烫平止口，圆角窝势自然（图9-32）。

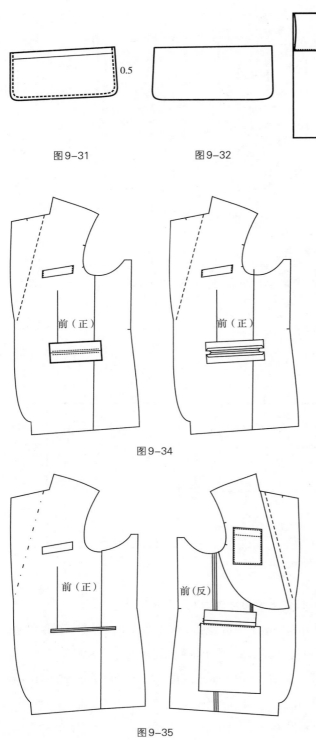

图9-31   图9-32   图9-33

图9-34

图9-35

（6）垫袋布扣烫1cm，在口袋布上缉0.1cm明线，再将袋盖按宽度缉在袋布上（图9-33）。

（7）根据线丁画好大袋口线，将袋布铺在下面，按袋口线用手针固定，袋布上端、两侧距袋口线2cm，嵌线条粘衬后距离袋口线0.5cm上下缉线，再从袋口线剪开，距袋口端点1cm处剪成三角，分缝烫平嵌线条，然后将嵌线条翻至衣片反面，再从正面熨烫嵌线（图9-34、图9-35）。

（8）装袋盖，将袋盖装入袋口，沿上嵌线缝份缉线固定袋盖。再将两片袋布沿袋口三角缉线缝合袋布（图9-36、图9-37）。

12. 缝合挂面

（1）按标准样板清剪挂面（图9-38）。

（2）缝合挂面，前片里上片按剪口折叠烫平和下片分别与挂面按1cm缝份缝合，烫平后在挂面上缉

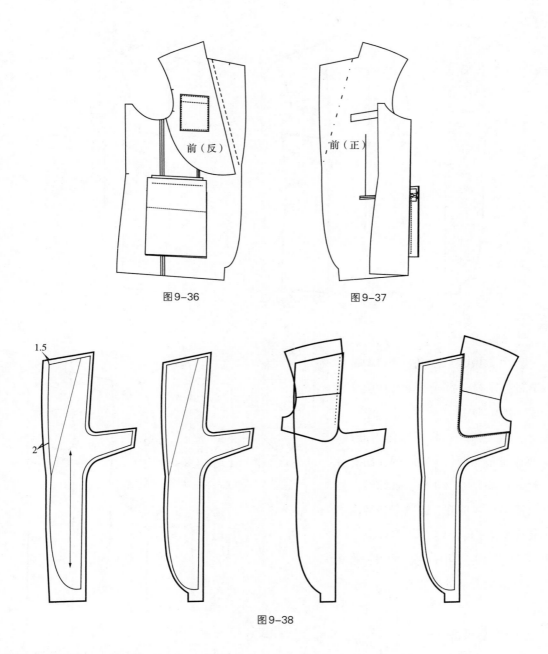

图9-36　　　　　　　　　图9-37

图9-38

线0.1cm（图9-38、图9-39）。

13. 做里袋

（1）画袋口线：按设计画好袋口线。

（2）裁剪附件：袋口三角布按长14cm、宽14cm裁剪一片，口袋布按长20cm、宽16cm裁成两片（图9-40）。

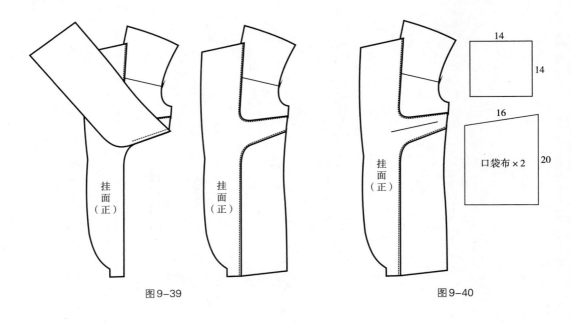

图9-39　　　　　　　　　　　　　　　图9-40

（3）做袋口三角：将14cm见方的布粘衬，折成三角，用熨斗烫平（图9-41）。

（4）开袋：将袋布作为嵌线，两片袋布上端粘上3cm的无纺黏合衬，按袋口线上下0.5cm缉线，然后沿袋口线剪开，距离袋口两端点1cm剪成三角。

（5）装三角、缝合袋布：将袋口三角按大小进行缝合，然后缝合袋布。

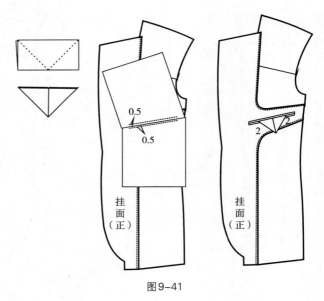

图9-41

14. 敷挂面

（1）清剪缝份：按样板画好止口净线，清剪多余缝份。

（2）勾止口：前片面与挂面正面相对，前片面放在上面，沿净线缉线（图9-42）。

（3）烫止口、清止口：止口分缝熨烫，然后止口清剪成0.5cm的缝份。

（4）扳止口：将挂面翻到正面，止口熨烫成里外匀（图9-43）。

（5）清剪前片里：前片里在领口处留1.5cm，肩缝、袖窿分别比前片面大0.5~0.7cm作

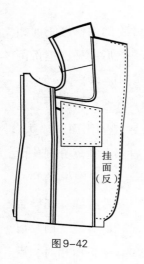

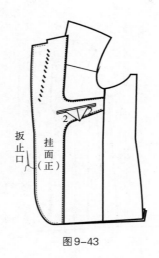

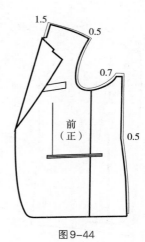

图9-42　　　　　　　图9-43　　　　　　　图9-44

为松量（图9-44）。

15. 缝合后片里　从领口处开始按1cm缝份缉线缝合后中缝，从正面熨烫，缝份倒向一侧（图9-45）。

16. 缝合侧缝

（1）缝合面料侧缝：两前片面的侧缝分别与后片面的侧缝正面相对缝合，然后分缝烫平（图9-46）。

（2）缝合里料侧缝：两前片里的侧缝分

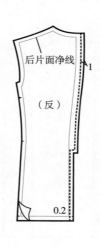

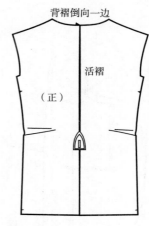

图9-45

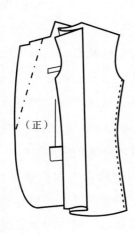

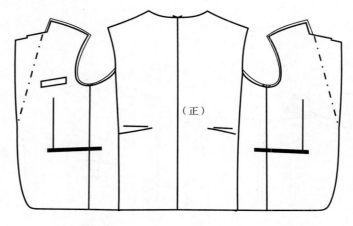

图9-46

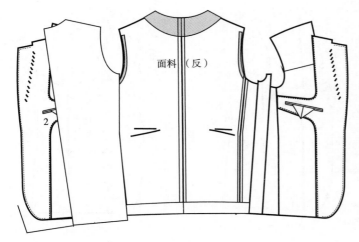

面料（反）

图9-47

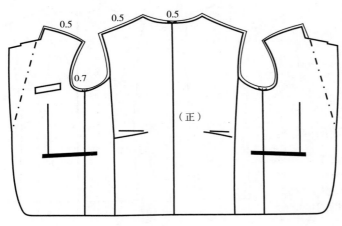

（正）

图9-48

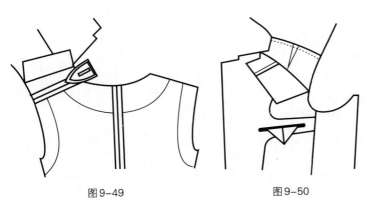

图9-49　　　　图9-50

别与后片里的两侧缝正面相对缝合，然后烫平，缝份倒向后片（图9-47）。

（3）清剪里料：清剪里料，使后片里比面料略大，领口、肩部、袖窿分别比面料大0.5~0.7cm（图9-48）。

17. 缝合肩缝　先缝合面料的前、后肩缝，前片肩缝与后片肩缝正面相对，后片肩缝放在下面，缉线时略带吃势，然后分缝熨烫。前、后里料肩缝正面相对，按1cm缝份缝合，然后烫平，缝份倒向后片（图9-49、图9-50）。

18. 做领、绱领

（1）做领面：按0.7cm的缝份缝合翻领面与领座，在反面分缝烫平，再在翻领正面的拼接缝上缉0.1cm明线（图9-51）。

（2）做领里：领底呢反面朝上，在翻折线上粘1cm的牵条，拉紧牵条使翻折线处缩进0.8cm左右，然后按翻折线烫好领座（图9-52）。

（3）缝合领面、领里：采用三角针法缝合领面、领里外口弧线，缝合时领底呢

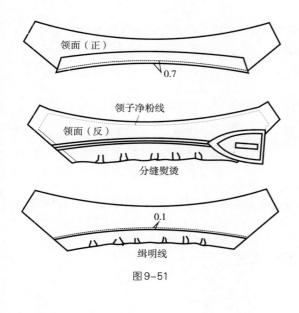

图9-51

放在上面，领子的外口弧线略带吃势，翻烫领子外口弧线，使领面外口成0.2cm坐势（图9-53）。

（4）绱领：

①修剪领面串口线，然后将领面从右边驳角的绱领点开始，经过肩点、后中点绱至左边驳角的绱领点。缉线时领面在肩缝拐角处打剪口，缉好后分缝熨烫（图9-54）。

②领里里口弧线盖住大身缝份，从绱领点开始用三角针缉缝（图9-55）。

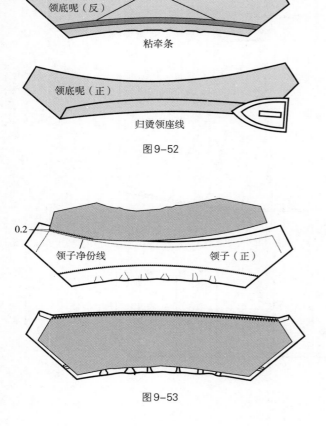

图9-52

图9-53

图9-54

图9-55

③从领子正面，沿领座与领面拼接缝缉0.1cm明线，固定领底呢（图9–56）。

④缲领角：用三角针法缲缝领角，然后用熨斗熨烫平整（图9–57）。

19. 缝合底边

（1）先烫好衣身面，将衣身里与衣身面正面相对，再从挂面的接缝处缝合底边（图9–58）。

（2）用手针缲缝衣身面底边（图9–59）。

20. 做袖

（1）缝制袖面：

①做袖衩：折袖衩三角，距净份线1cm缝合大袖衩三角，倒回针固定；小袖折边翻到

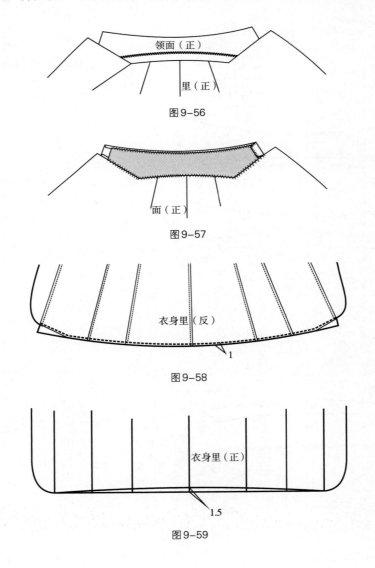

领面（正）

里（正）

图9–56

面（正）

图9–57

衣身里（反）

1

图9–58

衣身里（正）

1.5

图9–59

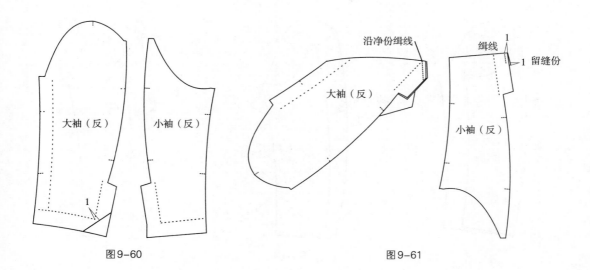

图9-60　　　　　　　　　　　　　图9-61

正面，沿袖衩缉缝1cm，距折边宽1cm处打倒回针，再把大、小袖口折边翻到正面，熨烫平整（图9-60）。

②缝合袖缝：先缝合外袖及袖衩，在小袖衩转角处的缝份上打剪口，分缝烫平。注意在缝合外袖缝时按线丁对位，大袖略做吃势处理，再缝合内袖缝，然后分缝烫平。注意缝合内袖缝时按线丁对位，大袖内袖缝要适当拔开（图9-61~图9-63）。

（2）缝制袖里：先缝合外袖缝，再缝合内袖缝，缝份为1cm。注意缝合内袖缝时，一只袖子需要留口，上端缝合10cm并打倒回针，下端缝合12cm并打倒回针，中间的空档作为翻口。然后将内、外袖缝的缝份倒向大袖（图9-64）。

（3）缝合袖面、袖里（图9-65）：

①将袖面、袖里的袖口正面相叠，袖面放在上层进行缝合。注意将袖面与袖里的内外侧缝对齐，缝合至袖衩时袖口分两端进行。

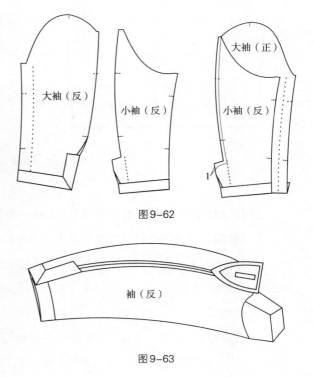

图9-62

图9-63

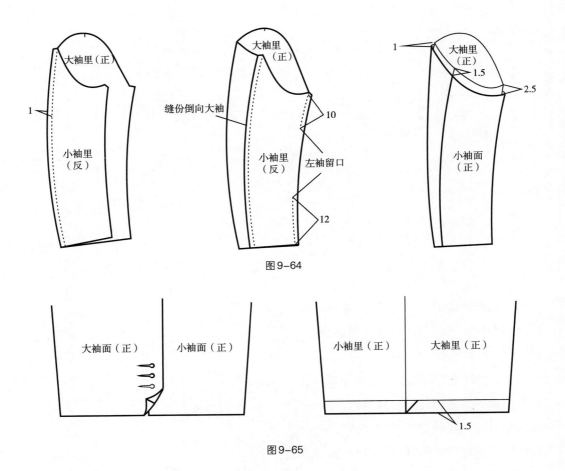

图 9-64

图 9-65

②熨烫袖口时要使袖里在袖口处有0.5cm的坐势。

③将袖面、袖里的外侧缝在袖肘点上下各8cm处用手针固定，以使袖里不上下串动。

④将袖子翻至正面，检查袖里在袖山部位长出袖面的长度是否标准，内袖缝部位应长出2.5cm，外袖缝长出1.5cm。袖口里子与折边熨烫平整。

21. 绱袖面

（1）抽袖山吃势量：在袖山净线外0.3cm处用手针绷缝收缩袖山，手缝针距要紧密均匀，略抽紧，抽好后检查袖山与袖窿的长度是否吻合，然后在专用圆形烫凳上用蒸汽熨斗烫圆袖山并定型。抽袖山吃势量时也可用袖山斜条进行操作，袖山头两侧7cm左右稍松，前后袖山处适当拉紧（图9-66、图9-67）。

（2）绱袖面：先绱左袖，从前身袖窿对位点开始绱袖，以此经过肩头、后袖窿。绱袖时，也可先用手针假缝，调整好袖子的位置，再缉缝，缝份为1cm。要求缝份顺直，袖子前圆后登。右袖方向相反，但要求一样（图9-68）。

（3）分烫袖山头缝份：将衣片朝外，袖窿朝向操作者，在圆形烫凳上进行熨烫。分烫时，从前身袖窿烫至前身胸衬缺口处，后身袖窿烫至距肩缝6.5cm处。

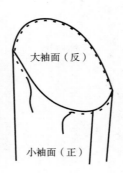

图9-66

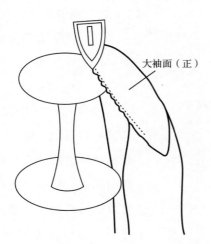

图9-67

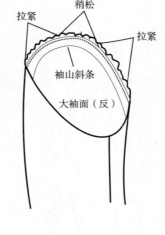

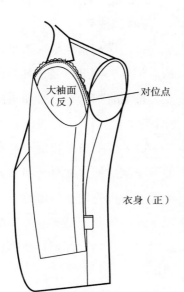
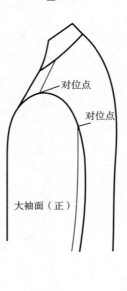

图9-68

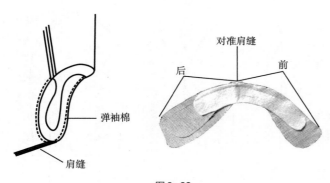

图9-69

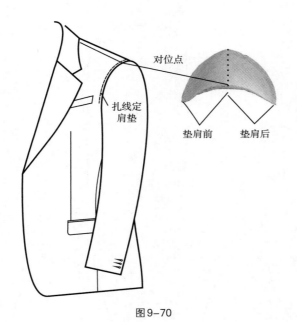

图9-70

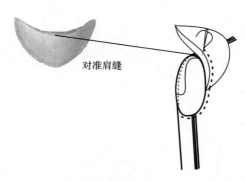

图9-71

22. 绱弹袖棉 弹袖棉也称为袖山衬,一般可选用市场上质量好的成品。绱弹袖棉时要求与袖山面缝份平齐,前后袖窿处弹袖棉略有吃势,按绱袖线进行平缝,也可用手针固定(图9-69)。

23. 绱垫肩

(1)将垫肩后部比前部多出1cm进行折叠,该折叠线对准肩缝(图9-70)。

(2)将衣身放在人台上,调整好垫肩的位置,在衣身外面用手针缝线固定垫肩。然后翻到里面,用手针缝线缝合垫肩与袖山缝份,注意固定好垫肩后,前后袖山要饱满平顺,不能起吊或歪斜(图9-71)。

24. 绱袖里

(1)绱袖里底缝:对准前袖对位点、侧缝点及后袖对位点,按1cm缝份缉缝袖里底缝(图9-72)。

(2)绱袖里:将缝合完成的袖子翻成袖里朝外,折烫袖里缝份,可先用手针绷缝,再用手针沿袖里折线按0.1cm缝份缝合,起始针都要打倒回针固定。

(3)从袖子预留口翻出袖

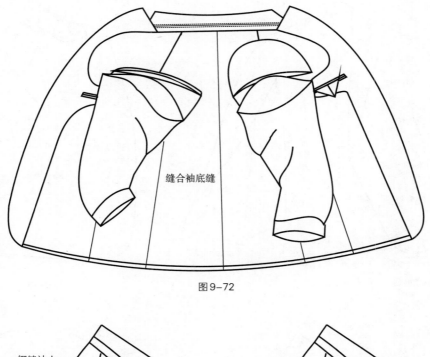

缝合袖底缝

图 9-72

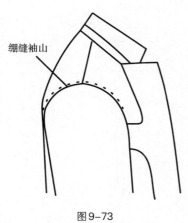

绷缝袖山

图 9-73

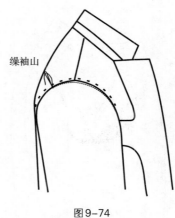

缲袖山

图 9-74

子，绷缝袖山、缲袖山（图 9-73、图 9-74）。

25. **整理衣片**　将衣片从袖里预留口翻出，检查缝制质量是否良好，清剪线头，然后缉缝袖里预留口。

26. **整烫**

（1）烫底边：摊平衣片，烫平衣里底边，注意保证衣里底边顺直（图 9-75）。

（2）烫侧缝：垫上布馒头，从衣身正面盖上烫布逐次熨烫衣身各条缝合缝（图 9-76）。

（3）烫胸部、烫口袋：垫上布馒头，分别熨烫衣身的左、右胸部及口袋（图 9-77、

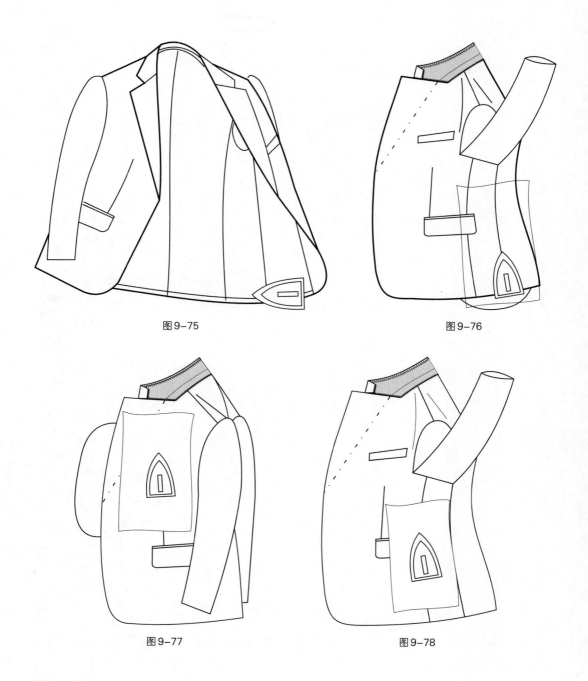

图9-75

图9-76

图9-77

图9-78

图9-78）。

（4）烫肩部：垫上圆形烫凳，依次烫平左、右肩部（图9-79）。

（5）烫领子：领里朝上，用熨斗烫平领子外口弧线（图9-80）。

（6）烫止口：垫上烫布，熨烫止口，注意烫出内外匀（图9-81）。

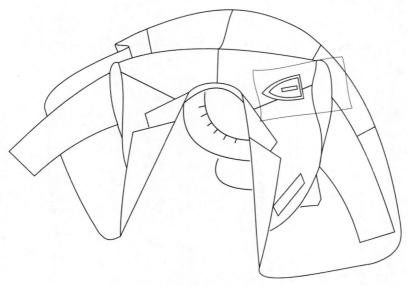

图9-79

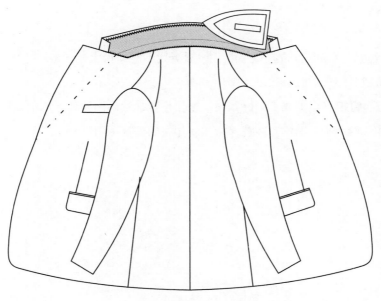

图9-80

（7）烫领口：垫上布馒头，在衣片的正面将领口、串口线、领角等部位熨烫平整（图9-82）。

（8）烫驳折线：将驳头及翻领沿驳折线翻到外面，垫在布馒头上，盖上烫布熨烫。注

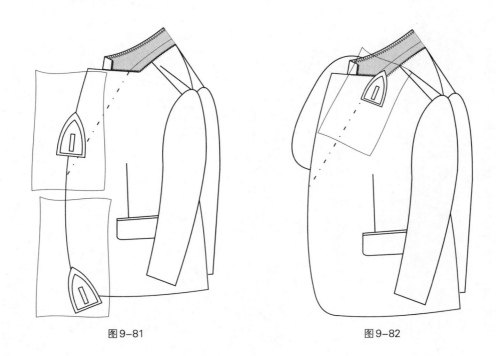

图9-81　　　　　　　　　　　图9-82

意串口线、驳角、领角等部位要烫平服，但驳折线不能烫得太过，驳头下方约1/3处不必熨烫，以保持驳头的自然翻折效果（图9-83）。

27. **锁眼、钉扣**　根据线丁画好扣眼、纽扣位置，然后用西装专用锁眼机锁眼或用手工锁眼。纽扣一般用手针缝牢，注意保持扣纽扣时的松量（图9-84）。

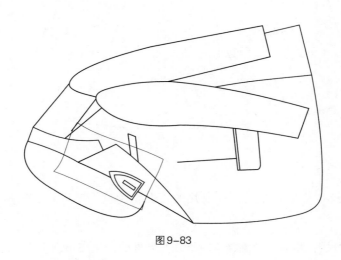

图9-83

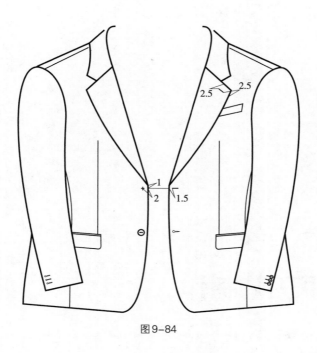

图9-84

思考与练习

1. 男西装的样板都有哪些类型，各类样板是如何设计的？

2. 简述男西装的工艺流程。

3. 请选择第五章中的一款男西装，按照工艺要求，完成一件男西装的样板设计及成衣制作。

第十章

男马甲工艺制作

第一节　男马甲缝制前准备

一、马甲样板设计

1. 马甲展开示意图　马甲正面展开示意图，如图10-1所示。马甲里面展开示意图，如图10-2所示。

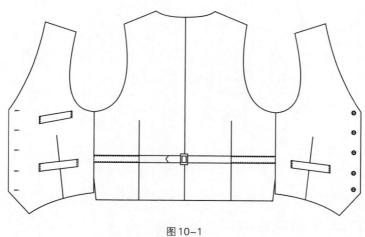

图10-1

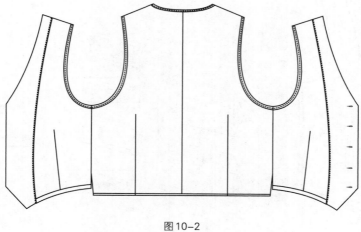

图10-2

2. 马甲样板设计

（1）前、后片样板放缝要求：前片肩缝、前止口、侧缝放缝1cm，袖窿放缝0.8cm，底边放缝3cm。后片肩缝、侧缝放缝1cm，袖窿放缝0.8cm，底边放缝1cm。马甲里后背缝放缝1cm，马甲面后背缝放缝1~1.5cm（图10-3）。

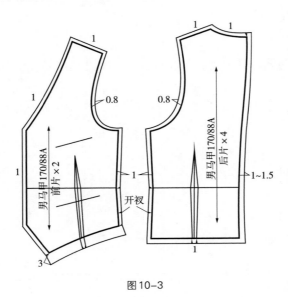

图10-3

（2）马甲附件设计：马甲附件有挂面、前片里、大小口袋的袋板、垫袋布、口袋布及腰带设计，原则上按样板相对应的部位设计（图10-4）。

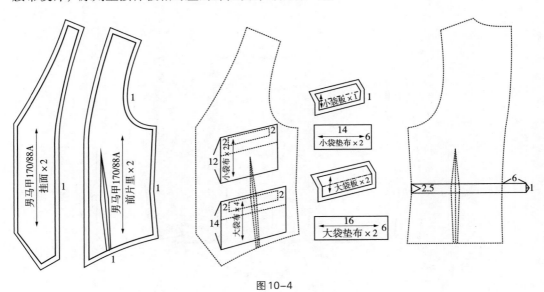

图10-4

（3）马甲衬布设计：马甲衬布设计主要是前片、挂面及袋板，衬布设计应比裁片小0.2cm（图10-5）。

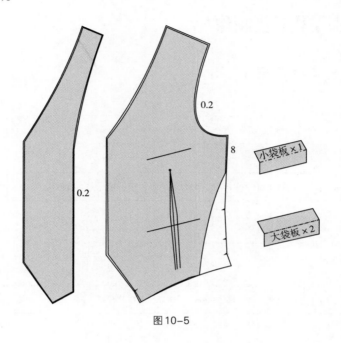

图10-5

二、马甲用料

1.适用面辅料

（1）面料：毛、棉、麻、化纤等织物。

（2）里料：涤丝纺、尼丝纺等织物。

2.面、辅料参考用料

（1）面料：门幅144cm，用料约70cm，估算为：后衣长+（10~15）cm。

（2）里料：门幅144cm，用料约75cm，估算为：后衣长+（22~25）cm。

（3）辅料：袋布50cm（里料中已包括），黏合衬65cm，腰带扣1副，纽扣5粒。

第二节　男马甲工艺制作

一、马甲工艺流程（图10-6）

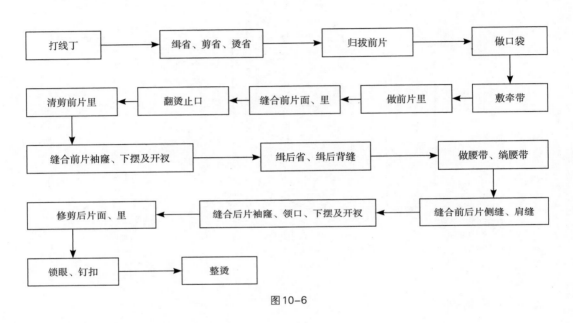

图10-6

二、马甲工艺制作

1. **打线丁**　打线丁是用线在裁片上做标记。将裁片正面相对，用白棉线打线丁，一般线头留0.3cm左右。打线丁的部位有前止口、底边、开衩、大小袋口、腰省等处。

2. **缉省、剪省、烫省**　先按照省位线丁进行缉缝，要求上下层松紧一致，缉线顺直；省尖留有线头打结；沿省中线剪开省缝，剪至离省尖4cm处，再用熨斗分烫省缝。分烫省缝时，缝份下垫上烫凳。为防止省尖烫倒，可将手缝针插入省尖，把省尖烫正、烫实（图10-7）。

3. **归拔前片**　归指归进，拔指拔开，目的是用工艺的方法进行立体塑型。前胸丝缕归正，领口适当归拢，将侧缝放平，肩头拔宽，袖窿处归进，横丝、直丝归正，省缝腰节处适当拔开（图10-8）。

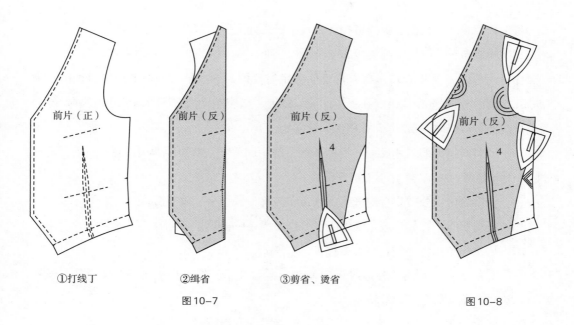

①打线丁　　②缉省　　③剪省、烫省

图10-7　　　　　　　　　图10-8

4. 做口袋（图10-9）

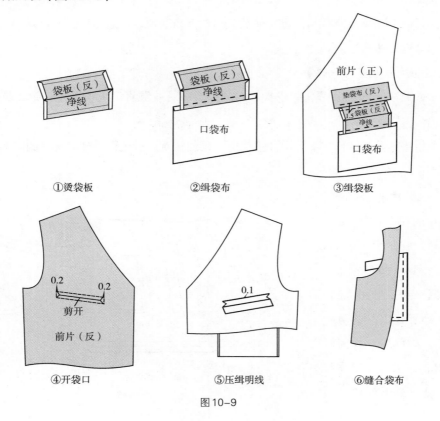

①烫袋板　　②缉袋布　　③缉袋板

④开袋口　　⑤压缉明线　　⑥缝合袋布

图10-9

（1）扣烫袋板：根据袋板样板扣烫袋板。折线处用剪刀剪开，烫平、烫煞。

（2）缉袋布：按缝份缉缝袋板布与一片口袋布。

（3）缉缝袋板及垫布：在衣片正面确定袋口位，画成平行四边形的袋口，间距为1.5cm，袋板一条边按净线缉缝在下端的袋口线上，垫袋布反面按缝份缉缝在上端画线上，两端缝线比袋口线缩进0.2cm，并用倒回针固定。

（4）开袋口：翻到衣片反面，沿两条平行线中间剪开，剪至距两边端点1cm处，剪成Y形，上端预留0.2cm，注意不能剪断线迹。

（5）分烫缝份：分烫袋板与缝份、垫袋布与缝份，烫平、烫平服。

（6）压缉明线：在袋垫缝正面的上下分别压缉0.1cm明线。

（7）拼接袋布：将垫袋布与袋布拼缝。

（8）封袋板：在距离袋板边缘0.15cm处，缉缝袋板，缉缝袋板布条时注意袋口丝缕顺直，袋角方正，起止打回针缝牢。

（9）缝合袋布：上下袋布重叠，沿袋口边缘缝份双缝线缝合袋布。

5. 敷牵带（图10-10） 采用1.2cm宽的牵带，沿净缝线偏进0.1cm敷牵带。从肩缝下2cm处开始，领口部位稍紧，止口平敷，门襟下角略紧，底边平敷。袖窿从肩缝下2cm处起，袖窿弯处适当拉紧。

6. 做前片里（图10-11）

（1）收腰省：按照省位、省份大小缉省。要求缉线顺直，上下松紧一致，省缝倒向侧缝。

（2）拼接挂面：挂面在下，前片里在上，正面相对，沿缝份缉缝，缝份倒向侧缝，并在挂面滴0.1cm的明线。

7. 缝合前片面、里 前片面在上、里在下，正面相对，在距牵条0.1cm处缉线。要求缉线顺直，上下松紧一致（图10-12）。

8. 翻烫止口 清剪缝份，衣身留0.8cm、挂面留0.4cm缝份，并在领口与前襟、前襟与斜角等转折点

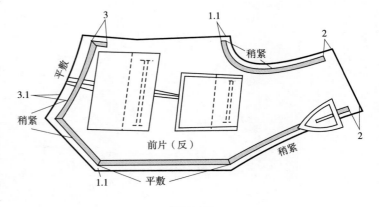

图10-10

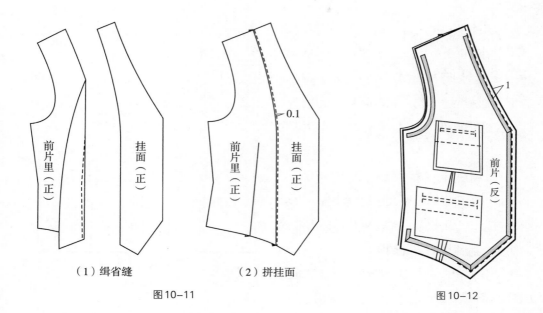

（1）缉省缝　　　　　　（2）拼挂面

图 10-11　　　　　　　　　　　　　图 10-12

处打剪口，然后用熨斗分烫缝份。翻到正面，用熨斗沿止口烫平，挂面止口偏进 0.1cm，按里外匀熨烫平服（图 10-13）。

9. 清剪前片里　前片面在上，前片里放平，修剪前片里，袖窿处的里比面修窄 0.3cm，侧缝处的里比面宽 0.3cm，底边处的里比面长 1cm（图 10-14）。

10. 缝合前片袖窿、下摆及开衩（图 10-15）

（1）前片面与里正面相对，袖窿按 0.7cm 的缝份缝合，底边按 1cm 的缝份缝合，袖窿

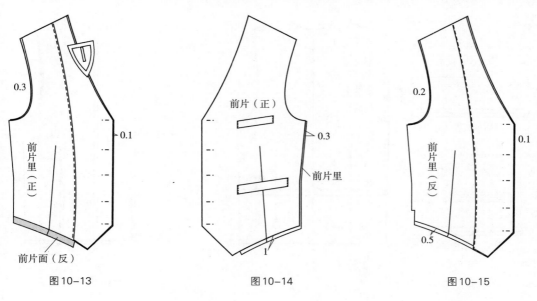

图 10-13　　　　　　　图 10-14　　　　　　　图 10-15

弯处打几个剪口，将缝份倒向大身。翻出止口，让袖窿里坐进0.2cm，底边里坐进0.5cm。

（2）做侧开衩：侧开衩长3cm。前片面与里正面相对，按1cm缝份缝合，并打回针。在缝止点处打剪口0.8cm，翻出后熨烫平服。

11. 缉后省、缉后背缝（图10-16）

（1）缉后省：按照大小缉缝收省，要求缉线顺直，上下松紧一致。后片面的省缝倒向侧缝，后片里的省缝倒向后中。

（2）缉背缝：背缝面缝份1cm、里缝份0.8cm，缉缝后将面、里缝份交错烫倒。

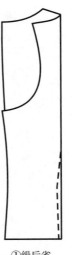
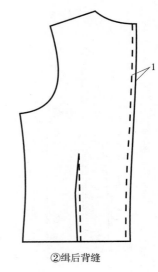

①缉后省　　　　②缉后背缝

图10-16

12. 做腰带、绱腰带（图10-17）

（1）做腰带：按净线缉缝，翻出后烫平，左侧腰带装上腰扣，右侧腰带做成宝剑头。

（2）绱腰带：按腰线位置缉缝，缝份0.5cm固定腰带到侧缝上。腰带放平，按0.2cm将腰带缉缝在后身面上，缉线至后腰省线处。

13. 修剪后片面、里

将后片面、里正面相对，肩缝、领口对齐。后片里长度比面短0.5cm，后片里袖窿修窄0.3cm（图10-18）。

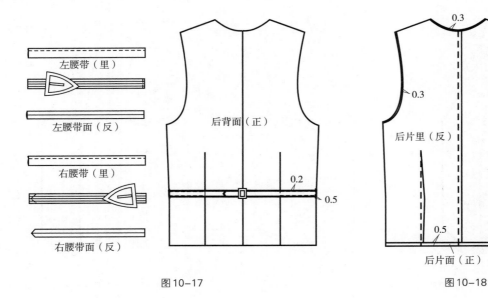

左腰带（里）

左腰带面（反）

右腰带（里）

右腰带面（反）

后背面（正）

图10-17

0.3

后片面（正）

0.3

后片里（反）

0.5

后片面（正）

图10-18

14. 缝合后片袖窿、领口、下摆及开衩（图10-19）

（1）缝合后片面、里：后片面与里正面相对，袖窿按0.7cm缝份缝合，底边按1cm缝份缝合，袖窿弯处打几个剪口，将缝份倒向大身。翻出止口，让袖窿里坐进0.2cm，底边里坐进0.5cm。

（2）做侧开衩：侧开衩长6cm。后片面与里正面相对，按1cm缝份缝合，并打回针。在缝止点处打剪口0.8cm，翻出后熨烫平服。

15. 缝合前后片侧缝、肩缝（图10-20）

（1）缝合侧缝：将前衣片夹入后片的面、里之间，前、后衣片侧缝四层对齐夹缝，从侧开衩止点起针缝合，至侧缝上部的袖窿底。

（2）缝合肩缝：将前片夹入后片的面、里之间，前、后片肩缝四层对齐，以0.8cm的缝份缝合，再将衣片从后片底边预留口处翻出。

16. 锁眼、钉扣（图10-21）

（1）缲缝后片底边：将后衣片底边预留口用手工暗针缲牢固定。

（2）锁扣眼、钉纽扣：门襟锁圆头扣眼5个，扣眼大1.7cm，距止口1.2cm。在里襟相对应位置钉纽扣，纽扣直径1.5cm，纽扣边缘距止口1.5cm。

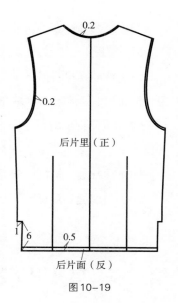

图10-19

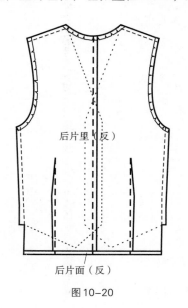

图10-20

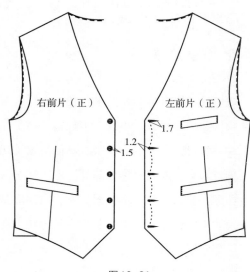

图10-21

（3）打套结：在下摆开衩处打套结。

17. 整烫

（1）烫前身里：整烫前先将线丁、扎线、线头清除干净，然后将前身反面平放在烫台上，沿止口、下摆及挂面内侧烫平。

（2）烫前身：将马甲正面向上，胸部下面垫布馒头，用蒸汽熨斗熨烫，将丝缕归正、烫挺。

（3）烫袖窿：袖窿下垫布馒头，将袖窿、侧缝烫挺。

（4）烫肩缝、后背：下垫铁凳，将肩缝、背缝烫顺、烫挺，再把后衣身熨烫平整。

第三节　男马甲工艺要求及评分标准

一、马甲工艺要求

（1）马甲各部位规格准确，部件位置准确，缝线顺直，归拔适当，符合体型。

（2）开袋方正，袋口不松不紧，袋板宽窄一致、左右对称，条格与衣身相符。

（3）胸部饱满，条格顺直，止口不搅不豁；背部平挺、背缝顺直，摆衩左右对称。

（4）肩头平服，丝缕顺直，袖窿不紧不还，左右一致。

（5）各部位熨烫平服，整洁美观，无烫黄、烫焦、极光现象等。

二、马甲评分标准

（1）规格尺寸符合标准与要求（10分）。

（2）领口圆顺、平服、不豁、不抽紧（15分）。

（3）左右袋口角度准确、平服、高低一致（10分）。

（4）胸省顺直、左右对称、高低一致（10分）。

（5）袖窿平服，不豁、不抽紧，左、右袖窿基本一致（15分）。

（6）两肩平服，左、右小肩基本一致（10分）。

（7）后背平服，背缝顺直，侧开衩高低一致（10分）。

（8）锁眼位置与纽扣位置一致，钉扣绕脚符合要求（10分）。

（9）成衣整洁，各部位整烫平服，无水迹、烫黄、烫焦、极光现象（10分）。

思考与练习

1. 认真理解男马甲样板设计。

2. 认真理解男马甲制作的工艺流程与工艺要求。

3. 根据第六章所学的马甲版型设计，选择一款马甲款式，按照工艺要求，完成一件男马甲的成衣制作。

参考文献

[1] 张文斌. 服装结构设计[M]. 北京：中国纺织出版社, 2006.

[2] 刘瑞璞. 服装纸样设计原理与技术（男装篇）[M]. 北京：中国纺织出版社, 2005.

[3] 戴孝林. 男装结构与工艺[M]. 上海：东华大学出版社, 2013.

[4] 鲍卫君, 等. 男装工艺[M]. 上海：东华大学出版社, 2014.

[5] 陈明栋, 吴经熊. 服装最新裁剪缝纫技术[M]. 合肥：安徽科学技术出版社, 1998.

[6] 欧阳心力. 服装工艺学[M]. 北京：高等教育出版社, 2008.

附录1 国际男装规格标准

随着中国加入WTO，中国的服装进出口及加工业务在不断增加，为了满足企业的需要，了解世界各地人体规格尺寸就显得很有必要。下面分别介绍几个国家的男装规格尺寸，并与我国的男装规格尺寸进行比较，目的是说明其他国家人体体型与中国人体体型的差异，同时供大家学习参考。

一、日本男装规格及参考尺寸

在日本，成年男子以胸腰落差作为划分的依据，把人体划分为Y、YA、A、AB、B、BE、E七种体型，其中Y型胸腰落差为16cm，以后每种体型落差依次减少，到E型胸腰的落差为0（附表1-1）。

附表1-1　日本男装规格及参考尺寸　　　　单位：cm

体型	落差	身高	胸围	腰围	臀围	肩宽	臂长	股上	股下	背长
Y	16	155	84	68	85	41	50	23	65	43
		160	86	70	87	42	52	23	68	44
		165	88	72	88	42	52	23	70	46
		170	90	74	90	43	55	24	71	47
		175	92	76	92	45	57	25	74	48
		180	94	78	96	45	58	25	75	50
		185	96	80	98	45	60	26	76	51
YA	14	155	84	70	85	40	50	23	64	43
		155	86	72	87	41	51	23	64	43
		160	86	72	88	41	52	23	66	44
		160	88	74	89	42	52	23	66	44
		165	88	74	89	42	53	23	69	46
		165	90	76	90	43	54	24	69	46
		170	90	76	91	43	55	24	71	47

续表

体型	落差	身高	胸围	腰围	臀围	肩宽	臂长	股上	股下	背长
YA	14	170	92	78	92	44	55	24	71	47
		175	92	78	93	44	57	25	74	49
		175	94	80	95	45	57	25	74	49
		180	94	80	95	45	58	25	76	50
		180	96	82	97	45	58	26	76	50
		185	96	82	100	45	60	27	77	51
		185	98	84	102	46	60	27	77	51
A	12	155	86	74	87	41	51	23	64	43
		155	88	76	88	42	52	23	64	43
		160	88	76	89	42	52	23	66	45
		160	90	78	90	42	52	23	66	45
		165	90	78	90	42	54	23	69	46
		165	92	80	92	43	54	24	69	46
		170	92	80	92	43	54	24	71	47
		170	94	82	94	44	55	24	71	47
		175	94	82	94	44	56	24	74	48
		175	96	84	97	45	57	25	74	48
		180	96	84	97	45	58	25	76	50
		180	98	86	100	46	58	26	75	50
		185	98	86	102	46	60	27	77	51
		185	100	88	104	46	61	28	76	51
AB	10	155	88	78	88	41	51	23	64	44
		155	90	80	90	41	51	23	64	44
		160	90	80	91	42	52	23	66	45
		160	92	82	92	42	52	24	66	45
		165	92	82	93	43	54	24	67	46
		165	94	84	95	43	54	24	67	46
		170	94	84	96	44	55	24	69	48
		170	96	86	96	44	56	25	69	48
		175	96	86	97	45	57	25	71	49
		175	98	88	98	45	57	25	71	49

续表

体型	落差	身高	胸围	腰围	臀围	肩宽	臂长	股上	股下	背长
AB	10	180	98	88	100	46	58	27	73	50
		180	100	90	102	46	58	28	72	50
		185	100	90	102	46	60	28	75	51
		185	102	92	104	46	61	28	75	51
B	8	155	90	82	91	41	51	23	64	44
		155	92	84	92	42	51	23	64	44
		160	92	84	93	42	52	23	66	45
		160	94	86	95	42	53	24	66	45
		165	94	86	95	42	53	24	67	47
		165	96	88	96	43	54	24	67	47
		170	96	88	97	44	57	25	69	48
		170	98	90	99	44	57	25	69	48
		175	98	90	99	45	57	25	71	49
		175	100	92	99	45	57	25	71	49
		180	100	92	99	45	58	26	74	50
		180	102	94	104	46	58	27	76	50
		185	102	94	104	46	60	27	77	51
		185	104	96	106	46	61	28	76	51
BE	4	155	92	88	93	41	51	24	64	44
		155	94	90	94	42	51	24	64	44
		160	94	90	95	42	52	25	65	46
		160	96	92	97	43	53	25	65	46
		165	96	92	98	43	54	26	46	47
		165	98	94	99	43	54	26	67	47
		170	98	94	99	44	55	27	68	48
		170	100	96	101	44	56	27	68	49
		175	100	96	101	44	57	28	71	49
		175	102	98	102	44	57	28	71	49
		180	102	98	102	44	58	29	72	50
		180	104	100	104	46	58	29	72	50
		185	104	100	104	46	60	30	74	51
		185	106	102	106	46	61	30	74	51

续表

体型	落差	身高	胸围	腰围	臀围	肩宽	臂长	股上	股下	背长
		155	94	94	100	43	51	27	62	44
		155	96	96	102	44	51	27	62	44
		160	96	96	102	44	54	28	64	46
		160	98	98	104	45	54	28	64	46
		165	98	98	104	45	55	29	66	47
		165	100	100	106	46	55	29	66	47
E	0	170	100	100	106	46	56	29	68	48
		170	102	102	108	47	56	29	68	48
		175	102	102	108	47	57	29	70	49
		175	104	104	110	47	57	29	70	49
		180	104	104	110	47	58	30	72	50
		180	106	106	112	48	58	30	72	50
		185	106	106	112	48	60	32	72	51

（1）日本男装规格身高代号为：150—1、155—2、160—3、165—4、170—5、175—6、180—7、185—8。

（2）号型表示方式为：净体胸围－体型－身高代号。如：92A5表示身高为170cm、净胸围为92cm、A体型（胸腰落差为12cm）。

（3）中国—日本男装规格比较。

中国成人男子按胸腰差分为Y、A、B、C四种体型，四种体型的覆盖率占全国体型的90%以上，比较符合中国的实际。从胸腰落差来看，中国的A体型（胸腰落差为12~16cm）相当于日本的Y、YA、A体型；中国的B体型（胸腰落差为7~9cm）相当于日本的AB、B体型，中国的C体型（胸腰落差为2~6cm）相当于日本的BE体型。从胸围的分档数值来看，中国为4cm，日本为2cm；腰围的分档数值均为2cm。

在相同的胸围下，日本男性的臀围、肩宽数值比中国的小些，而背长数值又比中国的大，这说明在身高相同的情况下，中国人的上身比日本人的短，中国人的裤长比日本人的长；从臂长比较，可以看出，在身高、胸围相同的情况下，中国人的手臂长于日本人，故衣服的袖子要长一些。

另外，中国男装规格客观上应属于模糊性特点，它所限定的不是一个具体的数

值，而是一个范围。如 170/88A，170 表示适用于身高 168~172cm；88 表示适用于胸围
86~89cm；A 表示胸腰落差在 12~16cm。而日本规格 92A5 所表示的对应尺寸是确定的、唯
一的，纸样可以提高选购者的准确度和着装质量，从而决定了男装设计、生产的水平和
品质。

二、美国男装规格及参考尺寸

美国男装规格及参考尺寸相对于日本较为整齐划一。它是按一些有代表性的尺寸成比
例推算得来的，综合兼顾了美国人的各种体型，归纳成标准男装规格。美国男装规格是
以身高和胸围的对应形式表示的，在身高上从 163cm 开始，每增加 5cm 为一档，共分为六
档，每档胸围分 12 级，而且每档的级数和尺寸相同。相邻胸围的差数都在 2.5cm 左右（不
超过 1cm）。在尺寸的意义上和国际标准一致，以净尺寸作为标准尺寸。需要注意的是，
参考尺寸中袖长是指"全袖长"，即自后中心线过肩点、肘点到尺骨点之和；背宽是指
"半背宽"，即后中心线到后腋点间的距离（附表 1-2）。

附表 1-2　美国男装规格及参考尺寸　　　　　　　　　单位：cm

部位 身高	胸围	腰围	臀围	衣长	背宽 （半背宽）	袖长 （全袖长）	股下长	外套长	背长	领围
	86.4	72.4	91.4	69.9	19.7	75.6	76.8	105	40.5	35.5
	88.9	76.2	93.9	69.9	20	75.9	76.2	105	40.5	35.5
	91.4	80	96.5	69.9	20.3	76.2	75.6	105	40.5	36.8
	93.9	83.8	99.1	69.9	20.6	76.5	74.9	105	40.5	36.8
	96.5	87.6	101.6	69.9	20.9	76.8	74.3	105	40.5	38
163	99.1	91.4	104.1	69.9	21.3	77.2	73.7	105	40.5	38
	101.6	95.3	106.7	69.9	21.6	77.5	73	105	40.5	39.5
	104.1	99.1	109.2	69.9	21.9	77.8	72.4	105	40.5	39.5
	106.7	102.9	111.8	69.9	22.2	78.1	71.8	105	40.5	40.6
	109.2	106.7	114.3	69.9	22.5	78.4	71.1	105	40.5	40.6
	111.8	110.5	116.8	69.9	22.8	78.7	70.5	105	40.5	42
	114.3	114.3	119.4	69.9	23.2	79.1	69.9	105	40.5	42
168	86.4	71.4	91.4	72.4	19.7	78.1	80	107	41.9	35.5
	88.9	74.9	93.9	72.4	20	78.4	79.4	107	41.9	35.5

续表

部位 身高	胸围	腰围	臀围	衣长	背宽 （半背宽）	袖长 （全袖长）	股下长	外套长	背长	领围
168	91.4	78.7	96.5	72.4	20.3	78.7	78.7	107	41.9	36.8
	93.9	82.6	99.1	72.4	20.6	79.1	78.1	107	41.9	36.8
	96.5	86.4	101.6	72.4	20.9	79.4	77.5	107	41.9	38
	99.1	90.2	104.1	72.4	21.3	79.7	76.8	107	41.9	38
	101.6	94	106.7	72.4	21.6	80	76.2	107	41.9	39.5
	104.1	97.8	109.2	72.4	21.9	80.3	75.6	107	41.9	39.5
	106.7	101.6	111.8	72.4	22.2	80.6	74.9	107	41.9	40.6
	109.2	105.4	114.3	72.4	22.5	81	74.3	107	41.9	42
	111.8	109.2	116.8	72.4	22.8	81.3	73.7	107	41.9	42
	114.3	113	119.4	72.4	23.2	81.6	73	107	41.9	42
173	86.4	69.9	91.4	74.9	19.7	80.6	83.2	110	43.2	35.5
	88.9	73.7	93.9	74.9	20	81	82.6	110	43.2	35.5
	91.4	77.5	96.5	74.9	20.3	81.3	81.9	110	43.2	36.8
	93.9	81.3	99.1	74.9	20.6	81.6	81.3	110	43.2	36.8
	96.5	85.1	101.6	74.9	20.9	81.9	80.6	110	43.2	38
	99.1	88.9	104.1	74.9	21.3	82.2	80	110	43.2	38
	101.6	92.7	106.7	74.9	21.6	82.6	79.4	110	43.2	39.5
	104.1	96.5	109.2	74.9	21.9	82.9	78.7	110	43.2	39.5
	106.7	100.3	111.8	74.9	22.2	83.2	78.1	110	43.2	40.6
	109.2	104.1	114.3	74.9	22.5	83.5	77.5	110	43.2	40.6
	111.8	107.9	116.8	74.9	22.8	83.8	76.8	110	43.2	42
	114.3	111.8	119.4	74.9	23.2	84.1	76.2	110	43.2	42
178	86.4	68.6	91.4	77.5	19.7	83.2	86.7	113.5	44.5	35.5
	88.9	72.4	93.9	77.5	20	83.5	85.7	113.5	44.5	35.5
	91.4	76.2	96.5	77.5	20.3	83.8	85.1	113.5	44.5	36.8
	93.9	80	99.1	77.5	20.6	84.1	84.5	113.5	44.5	36.8
	96.5	83.8	101.6	77.5	20.9	84.5	83.8	113.5	44.5	38
	99.1	87.6	104.1	77.5	21.3	84.8	83.2	113.5	44.5	38
	101.6	91.4	106.7	77.5	21.6	85.1	82.6	113.5	44.5	39.5
	104.1	95.3	109.2	77.5	21.9	85.4	81.9	113.5	44.5	39.5
	106.7	99.1	111.8	77.5	22.2	85.7	81.3	113.5	44.5	40.6

续表

部位 身高	胸围	腰围	臀围	衣长	背宽 （半背宽）	袖长 （全袖长）	股下长	外套长	背长	领围
178	109.2	102.9	114.3	77.5	22.5	86	80.6	113.5	44.5	40.6
	111.8	106.7	116.8	77.5	22.8	86.4	80	113.5	44.5	42
	114.3	110.5	119.4	77.5	23.2	86.7	79.4	113.5	44.5	42
183	86.4	67.3	91.4	80	19.7	85.7	89.5	117.5	45.7	35.5
	88.9	71.1	93.9	80	20	86	88.9	117.5	45.7	35.5
	91.4	74.9	96.5	80	20.3	86.4	88.3	117.5	45.7	36.8
	93.9	78.7	99.1	80	20.6	86.7	87.6	117.5	45.7	36.8
	96.5	82.6	101.6	80	20.9	87	87	117.5	45.7	38
	99.1	86.4	104.1	80	21.3	87.3	86.7	117.5	45.7	38
	101.6	90.2	106.7	80	21.6	87.6	85.7	117.5	45.7	39.5
	104.1	94	109.2	80	21.9	88	85.1	117.5	45.7	39.5
	106.7	97.8	111.8	80	22.2	88.3	84.5	117.5	45.7	40.6
	109.2	101.6	114.3	80	22.5	88.6	83.8	117.5	45.7	40.6
	111.8	105.4	116.8	80	22.8	88.9	83.2	117.5	45.7	42
	114.3	109.2	119.4	80	23.2	89.2	82.6	117.5	45.7	42
188	86.4	66	91.4	82.6	19.7	88.3	92.7	121.5	47	35.5
	88.9	69.9	93.9	82.6	20	88.6	92.1	121.5	47	35.5
	91.4	73.7	96.5	82.6	20.3	88.9	91.4	121.5	47	36.8
	93.9	77.5	99.1	82.6	20.6	89.2	90.8	121.5	47	36.8
	96.5	81.3	101.6	82.6	20.9	89.5	90.2	121.5	47	38
	99.1	85.1	104.1	82.6	21.3	89.9	89.5	121.5	47	38
	101.6	88.9	106.7	82.6	21.6	90.2	88.9	121.5	47	39.5
	104.1	92.7	109.2	82.6	21.9	90.5	88.3	121.5	47	39.5
	106.7	96.5	111.8	82.6	22.2	90.8	87.6	121.5	47	40.6
	109.2	100.3	114.3	82.6	22.5	91.1	87	121.5	47	40.6
	111.8	104.1	116.8	82.6	22.8	91.4	86.7	121.5	47	42
	114.3	107.9	119.4	82.6	23.2	91.8	85.7	121.5	47	42

三、英国男装规格及参考尺寸

英国是以国际上通用的成衣标准为依据的，按照欧洲大陆系统的规则、规章，制定出英国标准男装规格，旨在减少成衣流通的混乱而增强竞争力。英国男装规格划分的范围较为理想化，主要分为两类：一类是青年型，指35岁以下运动型身材的规格；另一类是一般型，指成年男士，其中包括中年以上的特殊体型的规格，这两类规格的共同特点是胸围级差都是4cm，这和欧洲大陆系统相吻合；身高在170~178cm，但在这以外过矮或过高身材的男士，则可根据这两类规格进行长度规格的调整，适用范围为较矮的身高在162~170cm，较高的身高在178~186cm（附表1-3~附表1-5）。

附表1-3　英国男装规格及参考尺寸（35岁以下男子）　　　单位：cm

部位 ＼ 身高	170~178							备注
胸围	84	88	92	96	100	104	108	
臀围	86	90	94	98	102	106	110	
腰围	66	70	74	78	82	86	90	
低腰围	69	73	77	81	85	89	93	腰线以下4cm裤腰围
背长	43	43.4	43.8	44.2	44.6	45	45	
背宽	18	18.5	19	19.5	20	20.5	21	背宽/2
股上长	25.4	25.8	26.2	26.6	27	27.4	27.8	
股下长	77	78	79	80	81	82	82	
腕围	16	16.4	16.8	17.2	17.6	18	18.4	
袖长	60.3	60.9	61.5	62.1	62.7	63.3	63.3	上衣
衬衫袖长	63	63.6	64.2	64.8	65.4	66	66	
衬衫长	74	76	78	80	80	80	80	
衬衫袖口	22	22	22.5	22.5	23	23	23.5	袖头长
袖口	25	26	27	28	29	30	31	上衣袖口
领围	36	37	38	39	40	41	42	衬衫领围
裤口宽	23	23.5	24	24.5	25	25.5	26	裤口/2

附表1-4　英国男装规格及参考尺寸（成年男子一般体型）　　　单位：cm

部位 ＼ 身高	170~178									备注
胸围	88	92	96	100	104	108	112	116	120	
臀围	92	96	100	104	108	114	118	122	126	
腰围	74	78	82	86	90	98	102	106	110	

续表

部位＼身高	170~178									备注
低腰围	77	81	85	86	93	100	104	108	112	腰线以下4cm裤腰围
背长	43.4	43.8	44.2	44.6	45	45	45	45	45	
背宽	18.5	19	19.5	20	20.5	21	21.5	22	22.5	1/2背宽
股上长	25.8	26.2	26.6	27	27.4	27.8	28.2	28.6	29	
股下长	78	79	80	81	82	82	82	82	82	
腕围	16.4	16.8	17.2	17.6	18	18.4	18.8	19.2	19.6	
袖长	60.9	61.5	62.1	62.7	63.3	63.3	63.3	63.3	63.3	上衣
衬衫袖长	63.6	64.2	64.8	65.4	66	66	66	66	66	
衬衫长	76	78	80	81	81	82	82	82	82	
衬衫袖口	22	22.5	22.5	23	23	23.5	23.5	24	24	袖头长
袖口	27	28	29	30	31	31.6	32.2	32.8	33.4	上衣袖口
领围	37	38	39	40	41	42	43	44	45	衬衫领围
裤口宽	23.5	24	24.5	25	25.5	26	26	26	26	裤口/2

附表1-5　英国男装长度尺寸调整表　　　　单位：cm

部位＼适应身高	160~170	178~186
背长	−2	+2
袖长	−2.5	+2.5
衣长	−4	+4
股上长	−1	+1
股下长	−4	+4

四、德国和意大利男装规格及参考尺寸

德国男装规格适用身高的范围是158~184cm,共分为14档，规格代码为38~62（即为半胸围），身高158~180cm基本按2cm继增（但158~162cm、162~166cm是按4cm继增的），身高180~184cm按1cm继增；胸围基本是按4cm继增的（40~42码按2cm继增）。

德国的男装规格是以胸围1/2表示的，另外在规格表中有"裤腰"的规格，而且"裤腰"规格均小于"腰围"规格2cm，这一点与我国号型规格应用相反，我国号型规格中的

腰围（净体腰围）使用时要加上2cm的放松量。

德国的男装规格中胸腰落差比较小，最大只有8cm，最小的只有0，相当于我国的B、C型体（附表1–6、附表1–7）。

附表1–6　德国男装规格及参考尺寸　　　　　　　　单位：cm

部位 规格	身高	胸围	腰围	臀围	裤腰	裤长	股下长	袖长	领围
38	158	76	71	84	69	92	70	56.2	32
40	162	80	74	88	72	94.5	72	57.9	34
42	166	82	77	92	75	97	74	59.6	35
43	168	86	78.5	94	76	98.3	75	60.5	36
44	170	88	80	96	78	99.7	76	61.3	37
46	172	92	84	100	82	101.4	77	62.2	38
48	174	96	88	104	86	103.1	78	63.1	39
50	176	100	92	108	90	104.8	79	64	40
52	178	104	97	112	95	106.5	80	64.9	41
54	180	108	102	116	100	108.2	81	65.8	42
56	181	112	107	120	105	108.9	81	66.6	43
58	182	116	112	124	110	109.6	81	67	44
60	183	120	118	128	116	110.1	81	67.4	45
62	184	124	124	132	122	111	81	67.8	46

附表1–7　意大利男装规格及参考尺寸　　　　　　　　单位：cm

部位 规格	胸围	腰围	领围	股下长
44（1a）	87~89	74~76	37	73~74
46（2a）	91~93	78~80	38	75~76
48（3a）	95~97	82~84	39	77~78
50（4a）	99~101	86~88	40	79~80
52（5a）	103~105	90~93	41	80~81
54（6a）	106~109	94~97	42	81~82
56（7a）	110~113	100~103	43	83~84
58（8a）	114~118	105~109	44	85~86

附录2 企业生产工艺指示单

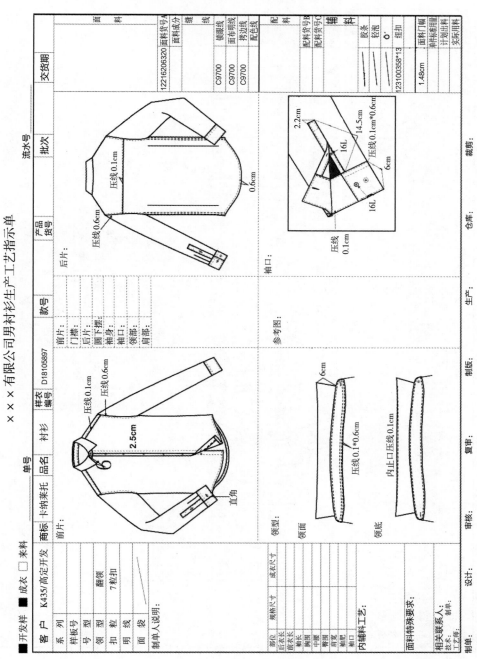

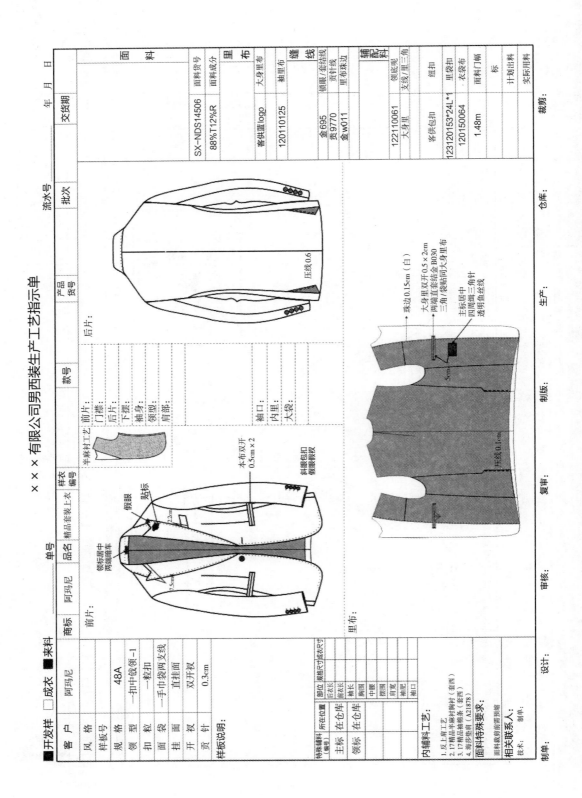

×××有限公司男西装生产工艺指示单

■开发样　□成衣　■来料

客　户	商标	阿玛尼
风　格	阿玛尼	
样板号		
规　格	48A	
领　型	一扣中敞领–1	
扣　粒	一粒扣	
面　袋	一手巾袋两支线	
挂　面	直挂面	
开　衩	双开衩	
页　针	0.3cm	

样板说明：

部位	规格尺寸	成衣尺寸
后衣长		
前衣长		
袖长		
胸围		
中腰		
摆围		
肩宽		
袖肥		
袖口		

特殊辅料（编号）	所在位置
主标	在仓库
领标	在仓库

内辅料工艺：
1. 反上肩工艺
2. 17精品半麻衬陶衬（套西）
3. 17精品补棉条（套西）
4. 海莎垫肩（A21878）

面料特殊要求：
面料裁剪需前端预端
相关联系人：
技术：　　制单：

单号　　　　单名　品名　精品套装上衣　编号　样衣　编号

款号

货号

流水号　　　　批次

产品

交货期　年　月　日

	面　料
面料货号	SX-NDS14506
面料成分	88%T12%R
里　布	
大身里布	客供蓝logo
袖里布	120110125
缝　线	
锁眼/套结线	金695
贡针线	贡9770
里布珠边	金w011
辅　配　料	
领底呢	
支毛/里三角	
纽扣	122110061
	大身里
里袋扣	客供包扣
	123120153*24L*1
衣壳布	120150064
面料/门幅	1.48m
标	
计划出料	
实际用料	

制单：　　　复审：　　　审核：　　　设计：　　　制版：　　　复审：　　　生产：　　　仓库：　　　裁剪：